사춘기가 되어 낯설어진 아이를 열심히 지켜보면서 부모 역할을 잘 바꿔보자는 책 속 한 줄에 한동안 멈춰 생각할 수밖에 없었다. 도저히 그냥 바라볼 수 없을 만큼 달라져버린 아이에게 다가온 사춘기라는 파도를 잘 넘어보자고 힘차게 독려해주는 저자의 글은 파도의 꼭대기에서 허우적대던 사춘기 두 아들의 엄마인 나에게 진심으로 힘이 되었다. 무엇보다 아이가 나의 업그레이드 버전이라는 사실, 그래서 아이에게  벅찬 기대감을 품을 수 있었다. 우 속되어야 하는 건지 힘들어하는 사 서 격려와 용기를 얻으리라 확신한

_ 사,
《사춘기 아들의 마음을 잡아주는, 부모의 말 공부》 저자

아이는 사춘기가 되면서 사소한 일에도 예민해지고 반항심이 생긴다. 부모 자신도 그런 과정을 겪어서 어른이 되고 부모가 되었지만 지금 이 시점에서 어떻게 해야 할지 난감하다. 아이와 올바른 소통을 하기 위해서는 실제 어떤 대화를 나누어야 하는지, 어떤 태도로 접근해야 하는지 지금의 상황에서 가이드가 필요하다. 이 책은 부모를 위한 대화의 기술과 섬세한 조절 능력을 가르쳐주는 가이드다. 아이들이 사춘기를 거치면서 성년이 되듯이 부모도 아이들의 마음을 여는 기술을 배워야 한다. 이 책을 잘 읽는다면 독자들은 마침내 건강한 성인이 된 우리 아이들을 마주할 수 있을 것이다.

_ 전홍진, 삼성서울병원 정신건강의학과 교수, 《매우 예민한 사람들을 위한 책》 저자

세상에서 제일 힘든 것 한 가지만 고르라고 한다면 나는 주저 없이 '사춘기 자녀들과 대화하기'를 꼽겠다. 그런데 시중에 나와 있는 육아서나 부모를 위한 육아 방송의 단점은 부모들에게 심한 죄책감을 심어주는 데 있다. 너무 완벽한 부모의 상을 강요하는 느낌이다. 다행히도 저자는 완벽한 부모상을 강요하지 않는다. 전문가라고 옳고 그름을 가르치지도 않는다. 그저 오랜 임상 경험을 바탕으로 현실에서 우리가 할 수 있는 일을 명확하게 알려준다. 그래서 좋다. 너무 고민하지 마시라. 좋은 부모가 되기를 원하며 이 책을 읽고 있다면 당신은 이미 좋은 부모임에 분명하다.

_ 신영철, 강북삼성병원 정신건강의학과 교수, 《신영철 박사의 그냥 살자》 저자

내 아이가 낯설어진 부모들에게

일러두기

• 본문에 실린 에피소드는 모두 여러 건의 실제 사례를 토대로 재구성되었으며 인명은 가명으로 표시했습니다.

내 아이가 낯설어진 부모들에게

최정미 지음

사춘기의 파도를
내 아이와 함께
멋지게
타고 넘는 법

위즈덤하우스

차례

사춘기의 파도에서 내 아이를 지키고 싶은 부모들에게

"제가 육아서를 진짜 많이 읽어보고 저 나름대로는 노력을 많이 했거든요. 그런데, 막상 사춘기가 되니까 하나도 모르겠어요. 제가 그간 다 잘못한 것 같고 아이가 잘못될까 봐 정말 불안해요."

사춘기 아이의 변덕스러운 요구에 지친 정은 씨는 진료실에서 펑펑 울며 하소연을 하였다. 자신의 노력에도 불구하고 갈수록 감당하기 힘들어지는 아이를 지켜보며 그간 잘 쌓아온 관계가 무너져간다는 생각에 너무도 지쳐 있었다. 이렇게 진료실에서 사춘기 부모님들을 만나면 마음이 무거워지는 경우가 많다. 특히 육아에 열정을 품고 잘 해오신 분들일수록 아이가 사춘기에 접어들며 느끼는 불안이 더 큰 것 같다. 전문가로서 해줄 여러 조언도 있었지만, 정은 씨에게 무엇보다도 따뜻한 공감과 위로의 말부터 건네고 싶었다.

사춘기 아이를 어떻게 대해야 할지 부모는 정말 혼란스럽다. 사실 혼란스러운 것은 아이들도 마찬가지다. 몸도 마음도 달라진 자신을 발견하고 재적응하느라 아이들도 예민해져 있다. 이런 혼란 속에서 아이도 부모도 당황하지 않고 길을 잘 찾아나갈 방법은 없을까? 간절한 마음으로 나를 찾아왔던 정은 씨와 같은 부모들을 떠올리며, 그분들에게 도움이 될 실질적이고 구체적인 조언을 담고 싶은 마음에 이 책을 쓰게 되었다. 무거운 마음보다는 카페에서 차 한잔 마시며 수다 떨듯 편안한 마음으로 따라와주면 좋겠다.

요즘 사춘기 부모

"요즘 젊은이들은 너무 버릇이 없다"라는 말은 소크라테스 때부터도 있었다고 하지만, 요즘 아이들은 분명히 다르다. 예전과 달리 부모를 어려워하지 않는다. 부모에게 매우 의존적으로 굴다가도 한편으로는 자신의 요구를 지나치게 적극적으로 주장한다. 그런데 따지고 보면 아이들이 변화한 데는 부모가 변화한 영향도 크다. 요즘 사춘기 부모들도 확실히 전과는 다르니 말이다. 본론에 들어가기에 앞서 이 이야기부터 잠깐 해볼까 한다.

서울대 소비트렌드 분석센터에서는 매년 그해에 가장 큰 영향을 미칠 10대 트렌드 키워드를 발표한다. 선정된 키워드는 향후 우리 사회의 사회·경제적 변화를 가늠할 수 있게 해주기에 많은 사람들의 관심을 받는다. 2022년에는 흥미롭게도 사춘기 부모와 관련된 키워드가 포함되었는데 바로 "엑스틴 이즈 백Xteen is back"이었다. 대한민국을 흔들었던 엑스세대가 돌아왔다는 뜻인데, 경제적으로 풍요로운 10대 시절을 보내면서 자유롭고 개인주의적인 성향을 가지게 된 세대가 부모가 되면서 이전 부모 세대와 다른 모습을 보이는 현상을 가리킨다. 이들은 10대 자녀와 라이프스타일을 공유하고, 친구 같은 부모를 지향하며, 육아에 많은 정성을 쏟아붓는 특징이 있다.

최근 육아 방송 프로그램이 활발하게 제작되고 인기를 끄는 것도 이런 요즘 부모들의 트렌드를 반영하는 것으로 볼 수 있다. 특히 아빠들의 변화가 눈에 띈다. 돈만 벌어 오면 된다고 큰소리치던 구시대 아빠들은 밀려나고, 캠핑을 다니고 아이들 체험학습에 열심이고 운전에 요리까지 만능인 다정한 아빠들이 늘었다.

정신과 의사로서 나는 애착과 생활 방식이 대물림되며 만들어지는 그늘이 얼마나 지대한 영향을 미치는지 특히 잘 알고 있기에, 요즘 부모들을 정말 칭찬해주고 싶다. 깜깜

한밤중에도 아이가 울면 벌떡 일어나 잠자리를 살피고, 몸이 천근만근이라도 아이와 놀아주려고 지친 몸을 일으키고, 쉬는 날이면 수많은 인파와 교통체증을 뚫고 놀이동산, 캠핑장, 각종 축제 현장 등을 누비고, 아이의 견문을 넓혀주기 위해 허리띠를 졸라매서라도 과감히 투자하는 요즘 부모들은 정말이지 육아에 진심이다. 이러한 부모의 정성 덕분인지 요즘 아이들은 다 똑똑하고 자기주장도 잘하고 자존감도 높아 보인다.

부모들은 그토록 꿈꿔왔던 따뜻하고 단란한 가족을 바로 내가 이루어냈다는 자부심과 안도감 속에서 종종 이렇게 고백한다. "요즘은 아이들도 정말 예쁘고, 그냥 이렇게 사는 게 행복이구나 싶어요." 그러고 나서 꼭 한마디를 덧붙인다. "아이들 사춘기만 제발 별일 없이 넘어가면 좋겠어요."

이런 부모의 마음은 정말 공감이 된다. '내가 사춘기일 때는 무심한 부모 아래서 마음 둘 곳을 찾지 못해 방황했지만, 우리 아이에게는 나만큼 좋은 부모가 있으니 사춘기에도 계속 흔들림 없이 행복할 거야' 하는 소망을 품어보는 것이다. 마치 "그리고 그들은 그 후로도 행복하게 살았습니다" 하는 동화의 마지막 문장처럼 말이다.

그러나 사춘기라는 파도는 부모와 아이의 결속이 아무리 단단해도 여지없이 몰아쳐 틈을 만들고야 만다. 어느새 키가 부모의 눈높이까지 따라오고 고사리손이 굵어지고 몸 여기저기에서 2차성징이 나타나듯이, 사춘기란 폭발적인 뇌 시냅스의 재편과 성장을 동반하는 생물학적 발달 과정이기에 필연적으로 올 수밖에 없다. 안타깝지만, 내 아이도 피할 수 없다.

하지만, 실망은 이르다. 어릴 때 잘해준 것이 다 소용없어지는 것은 절대 아니다. 사춘기는 막을 수 없지만, 사춘기를 어떻게 통과할지는 엄청나게 다를 수 있다. 어릴 때부터 쌓아온 아이들과의 친밀감이 바로 사춘기의 질을 바꿔놓는 요소가 된다.

과거의 권위적인 부모는 아이들과 친하지 않았다. 속정은 있었을지 모르지만 겉으로 표현하지 않았고, 아이들과 함께한 시간도 적었으며, 무시하고 함부로 대하여 몸과 마음에 상처를 입힌 경우도 비일비재했다. 그래서 아이들은 사춘기에 힘든 마음을 표현하지 못한 채 억누르거나 부모와 싸우고 가출하고 사고 치며 크게 엇나가거나 했다. 부모가 자신의 실수를 인정하는 경우도 거의 없어 사춘기에 틀어진 관계가 성인기까지 지속되어 최소한의 형식적 접촉만 하거나 아예 연락이 끊긴 경우도 많다.

그러나 요즘 부모들은 다르다. 어릴 때부터 사랑한다는 표현을 많이 하고, 긴 시간을 아이들과 함께하며, 아이들과 매우 친하게 지낸다. 아이들도 부모가 자신을 사랑한다는 것을 알고 있고, 같이한 추억도 많다. 사춘기에 갈등이 생기더라도 부모는 여전히 아이들에게 중요한 존재로 남아 있고, 아이들도 부모의 생각을 중요하게 여기며, 잘 지내고 싶어 하는 욕구도 여전하다.

그러니 사춘기를 너무 두려워할 필요는 없다. 달라진 아이를 낯설어하는 대신 준비하며 기다리는 것이 필요하다.

이제는 "아이를 한 인격으로 대하고, 아이의 생각을 존중해주라. 야단치지 말라"라는 등의 단순하고 추상적인 조언이 아니라, 아이와 친하고 아이를 정성으로 돌보는 요즘 부모의 실정에 맞는 세심하고 구체적인 조언들이 필요한 시대가 되었다. 그간의 임상적 경험과 연구를 토대로 요즘 현실에 맞는 생생하고 실질적인 해결책들을 이 책에 담으려

고 노력했으니, 사춘기 아이를 기르는 데 좋은 길잡이로 활

용하기를 바란다.

당신 잘못이 아니에요

사춘기에는 많은 변화가 일어난다. 얼마 전까지만 해도 품에 안기며 애교 떨던 아이가 갑자기 부모에게 각을 세우기 시작한다. 휴대폰만 들여다보며 부모의 말에 대꾸도 없고, 사소한 일에도 불만을 터뜨리기 일쑤이며, 문을 잠그고 자기 방에 들어오지도 못하게 한다. 자기 것이라며 만지지도 치우지도 못하게 하고, 잘 가던 학원도 가기 싫어하고, 시킨 일들을 제대로 하지 않고, 자기 고집이 세진다. 선물 공세도 소용없고, 제법 좋다고 자부했던 가족 간의 '케미'도 시들해져 밥 먹을 때도 눈을 안 마주치고 냉큼 일어선다. 정말 속 터지는 상황이다.

이쯤 되면 부모는 갑자기 우울해진다. 부모 노릇도 자신이 없어지고 꼬리에 꼬리를 물고 생각이 이어진다. '우리 사이에 무슨 일이 생긴 걸까', '내가 뭘 잘못했나', '나와 우리 부모의 사이처럼 서먹해지면 정말 억울할 것 같은데 다시 좋아질 방법은 없을까….' 친구같이 지내던 양육 방식에 회의가 생긴 부모들 중에는 갑자기 강압적으로 돌변하는 경우도 있다. 그토록 싫어했지만 그래도 지금의 나를 키워준 방식이니 최악은 아닐 거라 스스로를 위로하며, 더 익숙한 방식으로 회귀하는 것이다. 그러나 이런 시도가 그나마 남아 있던 신뢰까지 무너뜨려 관계를 더 어렵게 만든다는 사실을 확인하고 나면 부모는 그야말로 사면초가, '멘붕'에 빠지고 만다. 정말 뭐가 잘못됐다는 말인가.

"많이 힘드시죠?"

진료실에서 불안해하며 울던 정은 씨를 바라보며 꼭 해 주고 싶은 말이 있었다. 아이와의 관계가 틀어진 게 당신의 잘못이 아니라는 것, 부모가 잘못해서 이런 혼란이 빚어진 게 아니라는 것이다. 사실 사춘기의 혼란은 누구의 잘못이라고 할 수 없다.

"어떠니? 네 생각엔 사춘기 온 것 같아?" 진료실에서 초등학교 고학년 아이들을 만나면 슬쩍 이렇게 물어보곤 하는데, 웃으며 던지는 내 질문에 아이들도 웃으면서 대답한다. "온 것 같기도 해요. 그냥 좀 혼자 있고 싶고, 귀찮고 짜증 나고 그래요." 아이도 자신의 변화가 이상하게 느껴지지만 어쩔 수 없다고도 한다.

중학생에겐 질문을 살짝 바꿔서 던진다. "어떠니? 아직 사춘기 안 끝난 것 같아?" 그러면 웃으며 쿨하게 대답하는 아이들이 많다. "작년까진 사춘기가 좀 심했고요. 올해부터는 끝났어요." 자기가 생각해도 좀 심했던 것 같지만 이제는 다 지나간 일이라며 앞으론 열심히 공부해야겠다는 말을 꺼내기도 한다.

아이들의 이런 고백에서뿐 아니라, 아이들을 몇 년씩 진료하며 관찰하다 보면 '사춘기는 시작과 끝이 있는 변화구나' 하는 것을 확실히 느끼게 된다. 게임만 하고 학교도 안 가서 부모 속을 썩이며 진료실에 왔던 아이들인데 어느 순간 치료에 임하는 태도부터 달라진다. 눈빛이 달라지고, 미래를 걱정하며 게임을 줄이고, 검정고시도 보고 대학도 간다. 부모를 사사건건 비난하며 충돌하던 아이들도 어느덧 부모를 한 인간으로 받아들이고 이해하는 변화를 겪는다. 물론 모든 아이가 그렇지는 않다. 사춘기가 유난히 오래가는 아이들도 있다. 하지만 적어도 뇌의 호르몬 변화라는 생물학적 현상은 확실히 2~3년이면 많이 안정되는 것 같다.

뇌의 관점에서 보면 사춘기는 발달의 불균형 때문에 발생하는 변화다. 즉 감정과 충동성을 담당하는 변연계가 한껏 활성화되며 발달하는 데 비해, 이성과 절제, 판단을 맡아야 할 전두엽은 미처 발달하지 못해 생기는 것이다. 그래서 끓어오르는 에너지와 충동성, 감정 변화를 주체하기 어려워 엉뚱한 행동을 하고 실수를 저지르기도 한다. 성性에 관한 관심, 또래 문화 속에서의 인정 추구, 기존 권위에 대한 비판, 자기 정체성에 대한 혼란 등으로 뒤죽박죽 힘들어진다. 심하든 아니든 정도의 차이가 있을 뿐 이런 상황은 모든 아이에게 일어난다. 그리고 전두엽 발달이 진행되면서 사춘기의 혼란은 끝난다.

평균수명이 늘어나고 교육 기간이 길어지면서 사회심리학적인 사춘기는 만 24세경까지 연장되고 있다고 하지만, 일반적으로 이야기하는 심한 사춘기는 2~3년 정도면 대부분 지나간다. 오히려 부모가 사춘기의 변화에 잘 따라가지 못하고 바로잡겠다며 자꾸 개입할 때 문제가 생기기도 한다. 작은 여드름을 자꾸 건드리다 보면 크게 곪아 흉터가 남을 수 있는 것처럼 말이다.

2~3년이면 된다고 하니 그냥 지켜보면 된다고 생각할 수도 있겠다. 하지만, 절대 아니다. 어쩌면 평생의 부모 자녀 관계를 결정할 수 있는 중요한 시기인 만큼 아이의 변화를 꼼꼼히 관찰하면서 부모 역할을 잘 바꿔가며 적응해나가야 한다.

아이는 '물water', 부모는 물을 담는 '용기container'라고 생각해보자. 물은 H₂O라는 성분은 그대로지만 물의 상태에 따라 용기도 달라져야 한다. 물은 유리컵에 담을 수 있지만 얼음을 만들려면 깨지지 않는 용기를 써야 한다. 수증기를 담으려면 고온을 견딜 수 있는 재질이어야 한다. 귀찮을 수 있는데도 우리는 물의 상태가 변한다고 불평하지 않고 오히려 즐긴다. 얼음 덕분에 팥빙수를 즐기고, 수증기 덕분에 찐만두를 먹고, 흐르는 물 덕분에 파도타기와 수영을 하며 논다.

이와 같이, 사춘기의 변화도 무서워할 것이 아니라 부모가 아이의 상태에 따라 대응할 수 있는 다목적 용기가 되어 보자. 스스로도 혼란스러운 엄청난 변화이지만 부모가 잘 살펴서 유연하게 대처하면 아이도 부모도 한층 성장하고, 그 결과를 즐기게 될 것이다.

그러니, 힘내길 바란다. 아이의 변화는 당신의 잘못이 아니다. 지금까지 아이를 사랑해왔던 그 진심을 무기로 사춘기 변화에도 적응해나가길 응원한다. 당신은 할 수 있다. 지금까지 잘해오지 않았는가.

사춘기의 파도에서
내 아이를 지켜라

여기까지 읽고 나면 '사춘기란 어쩔 수 없이 오는 변화이고, 2~3년이면 좀 나아진다고 하니 그냥 신경 안 써도 되지 않을까?' 하는 생각을 하는 부모도 있을 수 있겠다. 과연 그럴까? 여기 그렇게 생활하는 부모와 자녀의 이야기를 한번 들어보자.

부모

"사춘기 아이를 키우는 것도 육아에 해당하나요? 이제 다 컸으니 그냥 각자 알아서 잘하면 되는 거 아니에요?"

"우리 애는 사춘기 되고 나서는 뭐든 혼자서 해요. 걱정돼서 얘기라도 좀 하려 하면 질색을 하니, 부모라도 해줄 수 있는 게 없어요."

"속 얘기를 하도 안 해서 무슨 생각을 하는지 도무지 모르겠
어요. 행여나 기분 상하게 할까 싶어서 저도 말을 잘 안 하게
되네요."

아이

"부모님요? 별 기대 안 해요. 재워주고 돈 대주는 것만도 고
맙죠."

"속 얘기 그런 거 안 해요. 그냥 비즈니스 관계라고 생각해요.
졸업하면 멀리 떠날 거예요."

너무 냉랭하게 들리는가? 하지만 실제 진료실에서 심심
치 않게 듣는 고백이다. 처음부터 그랬겠냐마는 사춘기에
심한 갈등을 겪으면서 상처 입을 대로 입은 뒤에 서로 거리
를 두는 편이 안전하다고 결론 내린 경우가 많다. 친하지도
않지만 심하게 싸우지도 않는다. 겉으로는 함께 식사하고
이야기도 나누며 평화로워 보이지만, 속으로는 부모도 아이
도 외롭고 고독하다.

이런 경우 안타깝긴 해도 부모 도움 없이도 아이가 별 탈

없이 지내고 있으니 괜찮다고 생각할 수도 있다. 그러나 그건 큰 착각이다. 자기심리학self psychology의 창시자인 정신분석학자 하인츠 코후트Heinz Kohut의 말처럼 우리는 누구나 자신을 반영해줄 대상이 필요하다. 불안한 사춘기를 겪고 있는 아이들에게는 그런 존재가 더더욱 절실하다. 안내자를 잃은 아이들은 사춘기라는 파도에 휩쓸려 길을 잃기 쉽다. 자신의 어려움을 혼자 해결하기 위해 고군분투하다 지친 아이들은 우울, 자해, 학교 부적응, 게임 과몰입 등으로 쉽게 빠져든다.

유난스러운 아이들 이야기라고? 질병관리청과 교육부에서 매년 청소년 6만 명가량을 대상으로 시행하는 〈청소년건강행태조사〉 2022년 통계를 보면 스트레스 인지율("평상시 스트레스를 얼마나 느끼고 있습니까?" 질문에 "대단히 많이" 또는 "많이" 느낀다고 답한 비율) 41.3퍼센트, 연간 우울감 경험률("최근 12개월 동안 2주 내내 일상생활을 중단할 정도로 슬프거나 절망감을 느낀 적이 있었습니까?" 질문에 "있다"라고 답한 비율) 28.7퍼센트, 연간 자살 생각률("최근 12개월 동안 심각하게 자살을 생각한 적이 있었습니까?" 질문에 "있다"라고 답한 비율) 14.3퍼센트, 연간 자살

시도율("최근 12개월 동안 자살을 시도한 적이 있었습니까?" 질문에 "있다"라고 답한 비율) 2.6퍼센트로 우리 아이들의 정신건강 현주소는 생각보다 심각했다. 또 다른 조사인 〈코로나19 청소년 정신건강 실태조사〉(한국트라우마스트레스학회, 2021)에서는 정신과 진료를 받고 싶다고 응답한 아이들이 전체의 36퍼센트에 달했다. 이처럼 우리 아이들은 결코 괜찮지 않다. 겉으로만 괜찮은 척할 뿐.

그래도 아이들은 여전히 자신의 삶을 잘 살고 싶어 한다. 진료실에서도 "나이가 더 어려진다면 공부를 열심히 하겠다", "내 소원은 이번 생은 망했지만 다음 생에는 공부 열심히 하고 잘 사는 것", "내 소원은 아이들에게 인기 있고 학교생활 잘하는 것" 등 인생에 대한 여러 소망을 털어놓는다. 그리고 그 답을 찾아 오늘도 포털사이트와 SNS를 열심히 돌아다니며 애쓰고 있다. 그런데, 안타깝게도 이런 고민을 부모에게는 알리고 싶어 하지 않는 아이들이 많다. 뭣 모르고 이런 고민을 부모에게 흘렸다가 훈계와 비난을 몇 시간씩 들을 뿐 아니라 이후에도 계속되는 간섭을 견뎌야 했던 아픈 경험을 되풀이하기 싫어서다.

그럼 어떻게 아이들에게 다가가야 할까? 이를 위해서는 먼저 사춘기 아이들의 특징을 이해해야 한다. 사춘기 아이들은 상대에 따라 행동이 180도 달라진다. 자신을 수용해주는 사람에게는 마음을 활짝 열고, 그렇지 않은 사람에게는 냉정하리만치 차갑게 행동한다. 좋게 보면 어른이 되어가는 과정에서 자기를 보호하기 위한 방어기제가 발동하는 것이라고 볼 수 있다. 아직 내가 완성되지 않아 약한 상태이니 나에게 상처 입히고 함부로 할 만한 사람은 가까이 두지 않겠다는 자기 나름대로의 보호조치인 셈이다. 문제는 이런 아이의 보호본능 레이더에 걸리는 첫 번째 대상이 부모라는 점이다. 나를 있는 그대로 수용해주는가, 가르치려 들고 고치려 드는가를 보는 이 테스트를 잘 통과해야 한다. 어쨌든 부모가 자신을 있는 그대로 수용해주고 돕는 존재로 인식되어야 아이들은 꾹 다물고 있던 입을 연다.

사람들은 인생을 항해에 비유하곤 한다. 익숙한 곳을 떠나 큰 바다로 나가 자기만의 멋진 목적지를 찾아 떠나는 대항해. 그렇게 보면 사춘기는 이제 막 배를 끌고 파도치는 해변으로 들어선 순간이라 할 수 있겠다. 항해는 시작되었고,

큰 바다로 나가려면 저 파도를 넘어야 한다. 높은 파도 앞에서 몸이 얼어붙고 행여나 배가 뒤집힐까 부서질까 한없이 불안하고 힘든 우리 아이들. 그들에게는 파도를 잘 타는 법을 가르쳐줄 코치가 절실하다.

그런데, 잠시 가슴에 손을 얹고 자신의 솔직한 마음을 살펴보자. 부모인 나는 과연 코치로서 준비가 되어 있는가? 왜 못 하냐고, 그 정도 먹여주고 키워줬으면 이제 다 알아서 해야 하는 것 아니냐고, 나는 네 나이 때 다 알아서 했다며 비난하고 있진 않은가? 그렇게 게으르고 의지가 없어서 어떻게 이 험한 세상 살아가겠냐며 차가운 팩트 폭격을 날리고 있진 않은가? 또는, 바다로 나가야 하는 아이가 너무 안쓰럽다며 부모가 더 울고불고 불안해하고 과잉 반응하는 바람에 아이에게 부담을 주고 있진 않은가?

어차피 항해는 시작되었다. 아이는 결국은 성장해 혼자 큰 바다를 항해해야 한다. 선생님이나 친구들, 살면서 겪는 다양한 경험들이 도움이 될 순 있겠지만, 아이를 누구보다 잘 알고 사랑하고 이미 사춘기란 파도를 넘어본 부모보다 좋은 코치는 없을 것이다.

그러려면 먼저 아이의 마음을 얻고 입을 열게 해야 한다.

무작정 야단치지 말고, 혼내지 말고, 비난하지 말고, 공감과 위로를 전하면서 사춘기 앞에 놓인 파도를 멋지게 넘는 법을 가르쳐주자. 파도를 타며 즐기는 맛을 느끼게 해주자. 이전에도 좋은 부모였던 당신이기에 아이가 사춘기에 접어든 지금도 충분히 잘할 수 있다.

물론 시작부터 좋은 코치가 되기는 쉽지 않다. 상대를 알고, 나를 잘 알고, 여러 기술도 배워야 한다. 그래서 이 책에서는 좋은 코치가 되고 싶은 부모들이 꼭 알아야 할 내용들을 이야기해보려 한다. 아이들마다 접근법은 다 다르겠지만, 이 책의 내용을 큰 틀로 잡고 우리 아이의 상황에 맞게 유연하게 적용해보면 도움이 많이 되리라 믿는다.

$\rightarrow\rightarrow\rightarrow\rightarrow\rightarrow\rightarrow\rightarrow\rightarrow\rightarrow\rightarrow$

1 요즘 사춘기 부모는 자유롭고 개인주의적 성향을 바탕으로 육아에 정성을 쏟아 아이와 친밀감을 잘 쌓아온 특징을 가진다.

2 사춘기의 혼란은 부모의 잘못이 아니다. 뇌의 폭발적인 변화와 발달 때문에 필연적으로 발생하니 내 아이도 피해 갈 수 없다.

3 아이의 변화를 잘 보면서 부모 역할도 유연하게 바꾸는 게 중요하다. 이를 통해 아이도, 부모도 더 성장한다.

4 불안하고 힘든 우리 아이들은 사춘기의 파도를 잘 타는 법을 가르쳐줄 코치가 절실하다. 그 역할을 부모가 해주자.

$\leftarrow\leftarrow\leftarrow\leftarrow\leftarrow\leftarrow\leftarrow\leftarrow\leftarrow$

1장

지금까지 알던 것은 다 버리자

내 아이의 재발견

초등학교 6학년 때 일이다. 개교 첫해였던 우리 학교는 명문교 이미지를 각인시키기 위해 각종 대회 수상에 공을 들였는데, 내가 속했던 수학경시반도 마찬가지였다. 수학경시를 잘 지도하기로 유명했던 담당 선생님은 어찌나 실력이 좋았는지, 그해 우리 학교는 시市 대회를 가뿐히 통과하고 도道 대회에서 금, 은, 동을 모두 휩쓰는 쾌거를 기록했다.

단 세 반밖에 없는 신생 학교가 좋은 성적을 낸 비법이 무엇인지 궁금하지 않은가? 어려운 문제를 엄청나게 많이 풀고 중학교 선행 학습을 했을 것이라고 생각들 하겠지만, 전혀 아니었다. 시험으로 뽑힌 우수한 학생들이 모여 있었지만, 수학경시반 수업의 첫출발은 초등학교 1학년 1학기 수학 교과서를 반복해서 읽고 제대로 익히는 일이었다. 교과서에 나온 정의를 하나하나 짚고 외우고 완벽히 이해한 뒤에야 다음 학기 교과서로 넘어갈 수 있었다. 그렇게 우리는 초등학교 수학 교과서를 다 외울 지경이 될 정도로 기초를 탄탄하게 준비했고, 선행 학습은 전혀 하지 않았다.

알던 것을 버리고 겸손하게 기초부터 배우는 것, 그게 놀라운 성적의 비법이었다. 그 경험 덕분에 나는 대학교 입학시험을 준비할 때도 아는 내용을 여러 번 복습하고 복기하는 식으로 공부했는데, 꽤 효과가 있었다. 그래서 지금도 뭔가를 배우려고 하면 일단 기초부터 튼튼히 하려고 노력하는 편이고 강의도 진료도 마찬가지다.

비단 공부뿐이겠는가. 살다 보니 너무도 많은 부분에서 기초가 중요하다는 것을 깨닫는다. 노래를 제대로 배우려면 발성 연습부터 해야 하고, 피아노를 배울 때도 손 모양부터 익혀야 한다. 골프, 볼링, 수영, 탁구 등 운동도 마찬가지다. 그래서 좋은 부모가 되는 기술을 배우기 위해 이 책을 읽기 시작한 여러분에게 제일 먼저 하고 싶은 말도 바로 이것이다. 이전에 알던 것들은 일단 잊자. 유치해 보이고 다 아는 듯한 이야기더라도 일단 이 책을 끝까지 읽어보자. 그러고 나서 마지막 장을 덮고 난 후에 비로소 당신의 생각을 덧입히고 불필요한 부분을 잘라내고 잘 다듬으면, 내 아이에게 딱 맞는 정말 좋은 부모가 되리라고 믿는다.

아이를 아는 게 먼저다

"언제 이렇게 큰 거야?"

아이들 어릴 적 사진을 보다 보면 나도 모르게 이런 말이 튀어나올 때가 있다. 앙증맞은 멜빵바지를 입고 포즈를 취하는 사진, 놀이동산에서 한껏 상기된 표정으로 뛰고 있는 사진, 그 사진들 속 천진난만한 표정의 아이를 보다 보면 그 시절에 대한 그리움이 밀려오곤 한다. 그리고 나지막이 중얼거려본다. "그 애는 어디로 간 거니…. 보고 싶구나."

사춘기가 되면 아이는 여러 가지가 변한다. 물론 생김새며 성격 중 80퍼센트 정도는 여전히 그대로다. 하지만 몇몇 특징은 확연히 달라져 부모를 당황시키기도 하고, 갈등의 원인이 되기도 한다.

"진짜 맛집을 발견했어. 네가 좋아할 거야." 아이가 어릴 때 청국장을 하도 좋아해서 온 가족이 아이를 위해 일부러 청국장을 먹으러 가곤 했기에 맛있는 청국장이 기본으로 나오는 낙지볶음집을 발견하고 들뜬 마음으로 아이를 데려갔던 적이 있다. 하지만 막상 음식이 나오자 아이가 불편한 표정을 지으며 말했다. "저 청국장 못 먹어요." "어? 너 분명히 청국장 좋아했잖아?" 당황하며 묻는 나에게 아이는 단호하게 대답했다. "그땐 그랬지만, 지금은 아니에요. 전 청국장 싫어해요!"

나는 이후로 다시는 아이와 청국장을 먹으러 가지 않았다. 네가 그토록 좋아했던 청국장이니 계속 먹어보면 다시 좋아질 거라고, 몸에 좋은 음식이니 다시 시도해보라고 설득하지 않았다. 그 대신 치킨, 돈가스 등 아이가 좋아하는 메뉴를 찾아다녔다. 내게 중요한 건 음식 종류가 아니라 내 아이였으니까.

"예전에는 애교가 정말 많던 아이였어요. 집에 오면 학교에서 있었던 일을 종알종알 다 말하고 한없이 밝기만 했거든요. 갑자기 눈빛이 바뀐 아이가 낯설기도 하고 슬프기도 해요."

사춘기에 들어선 아이들의 변화를 마주하고 당황스러울 수 있다. 그러나 인정해야 한다. 아이의 변화를 있는 그대로 인정해야 관계가 계속 이어질 수 있다. 그게 사춘기 부모로서의 첫발, 시작하는 자세라고 생각한다.

머리말에서 사춘기 부모는 아이에게 좋은 코치가 되어야 한다고 했다. 그럼, 좋은 코치가 된다는 것은 무엇일지 좀 더 구체적으로 생각해보기 위해 잠시 이런 상상을 해보자.

당신은 유명한 축구선수다. 꽤 오랫동안 K리그에서 주전으로 뛰었고 실력과 열정을 두루 인정받았으며 최근에 은퇴를 했다. 그리고 청소년 축구대표팀 코치로 임명받았다. 자, 그럼 당신은 팀을 승리로 이끌 좋은 코치가 되기 위해 제일 먼저 무엇을 할 것인가?

"나만 따르라!" 하며 그간 쌓아온 비법을 강의하고 따르게 할 수도 있다. 아니면 기강을 잡기 위해 혹독한 합숙 훈련을 계획할 수도 있다. 하지만 과연 그게 효과적일까? 좋은 코치는 절대 그렇게 하지 않는다는 것을 우리는 안다. 좋은 코치가 되기 위해 제일 먼저 할 일은 바로 선수들을 하나하나 파악하는 것이다. 이름부터 체격, 포지션, 선수가 갖춘 기술과 강점, 약점, 개인 성향까지 최대한 많은 데이터를 모은 후에 코칭으로 들어가는 것이 정석이다.

그러니 좋은 코치가 되려는 부모의 첫걸음은 당연히 코칭 대상인 '내 아이'를 제대로 파악하는 일이 되어야 한다.

그런데, 내 아이를 이제 와서 또다시 파악하라는 이 말이 와닿지 않는 부모들이 대부분일 것이다. 아이의 성향도 잘 알고 태어날 때부터 지금까지 일거수일투족을 함께해왔는데 뭘 더 파악하라는 말인지 당황스러울 수 있다. 아이 자신보다도 부모인 내가 아이에 대해 더 많이 알고 있다고 자부하고 있을지도 모른다. 하지만 아이가 초등학교 고학년만되어도 부모가 아이를 더 잘 안다는 건 틀린 말이 된다. 나만 해도 내 아이가 청국장을 싫어하게 된 줄 까맣게 모르지 않았는가. 아이가 조금씩 커가면서 자신만의 사생활이 생기고 부모가 모르는 영역이 커지기 마련인데 사춘기가 되면 이런 현상이 한층 심해진다.

"갑자기 펑펑 울면서 힘들다고 해서 일단 병원에 데리고 오긴 했는데, 사실 전혀 몰랐어요. 원래 밝은 아이거든요. 집에서도 명랑하고 친구들하고도 잘 지내는데 갑자기 무슨 일인지….”

아이가 진료를 원해서 내원한 경우 부모들이 자주 하는 말이다. 부모의 표정에도 당황스러움과 혼란스러움이 묻어난다. 아이와의 관계는 괜찮다고 생각했는데 왜 몰랐을까? 왜 부모에게 말을 안 했을까?

“엄마 아빠가 알면 실망할까 봐 걱정돼서 말하기 싫었어요. 너무 힘들어서 어쩔 수 없이 말은 했지만… 지금도 별로 자세히 설명하고 싶지 않아요. 자해한 거랑 다 비밀로 해주실 수 있나요?”

아이들은 생각보다 부모의 눈치를 많이 본다. 부모를 실망시키고 싶지 않아 자신의 부정적인 면들을 애써 감추기도 한다. 또한 부모의 간섭을 피하고 싶어서 입을 다물고 있는 경우도 많다. 고심 끝에 털어놨는데 두고두고 훈계를 듣는 일이 비일비재하기 때문이다. 아이가 말을 하지 않으니 부모는 알 턱이 없고, 자신들이 아이에 대해 잘 모른다는 사실조차 모르다가 어느 날 아이의 낯선 모습을 마주하고 놀라게 되는 것이다.

그럼 아이를 잘 파악하려면 어떻게 해야 할까? 앞서 이야기했듯이 '지금까지 알던 것을 다 버리는 것'이 출발점이다. 여태까지 안다고 생각했던 것을 다 버리고 완전히 새로운 아이를 만난다는 생각으로 바라보라고 조언하고 싶다.

왜 굳이 그렇게까지 해야 하냐고? 바로 뇌의 특성 때문이다. 우리 뇌는 효율을 높이기 위해 익숙한 것에는 크게 반응하지 않고 기존 경로를 사용하려는 관성이 심하다. 그래서 너무나 잘 안다고 생각하는 내 아이를 제대로 직시하려면 기존 것을 다 버리는 방식이 아니면 불가능하다. 익숙한 패러다임에서 벗어나 새로운 시각으로 바라보는 기법인 '낯설게 보기'는 이미 많은 분야에서 창의적 사고를 촉진하는 방법으로 크게 각광받고 있다. 이 방법을 아이와의 관계에도 적용해본다면 사춘기 아이를 이해하는 데 많은 도움이 될 것이다.

이제 다시 앞서 언급한 청소년 축구대표팀 코치 비유로 돌아가보자. 선수들을 파악하겠다면서 2년 전 데이터를 활용한다면 어떻게 될까? 말도 안 되는 일이다. 청소년 선수의 기량은 성인보다 더 빠르게 변한다. 체격도 변하고 기술도 변한다. 잘했던 선수라도 계속 잘하리라는 보장이 전혀 없고 못했던 선수가 오히려 잘할 수도 있다. 오래된 자료는 오히려 혼란만 줄 뿐이고, 결국 중요한 건 현재 시점의 데이터다.

아이도 마찬가지다. 사춘기에 접어들면서 아이는 급변한다. 지난 10년보다 최근 2년간 훨씬 더 폭발적으로 빠르게 성장하고 있다. 당신이 기억하는 어린 시절 모습들(떼쓰며 고집부리던 기억, 천진난만하게 장난치던 기억, 엄마 아빠와 떨어지기 싫다며 울던 기억, 두 팔 벌려 품으로 달려오던 기억, 숫기 없이 친구들에게 당하기만 해서 불안했던 기억 등)은 이제 존재하지 않는다. 내 아이는 이러이러한 성격이야 하고 철석같이 믿고 있는 생각, 어릴 때 많이 사랑하고 예뻐했으니 우리 사이는 끄떡없을 거야, 영원히 부모를 좋아해줄 거야 하는 막연한 느낌들도 다 옛날 데이터다. 이전 것은 일단 다 버려야 한다. 좋든 나쁘든 일단 다 버리고 최근 6개월 이내 아이의 모습을 집중해서 관찰하자. 그래야 제대로 보인다.

내 아이를 낯설게 보기. 그게 된다면 반은 성공한 셈이다. 시작이 반이니까 말이다.

AI가 내 아이를 본다면?

"일단 지금의 아이를 잘 관찰해보라는 말이 무슨 뜻인지는 알겠어요. 그런데 뭐부터 어떻게 하라는 건지 막막하네요."

이렇게 말하는 부모들의 마음을 십분 이해한다. 오늘부터 영어 공부해야지 해도 대체 어디서부터 어떻게 시작할지 답답할 테니까. 그런 부모들을 위해 다시 한번 상상의 힘을 빌려보려 한다. 만약 인공지능Artifical Intelligence, AI이 내 아이를 본다면 어떤 방식으로 볼까?

최근 몇 년 사이 급속한 발전을 거치며 AI가 어느새 우리 삶 속으로 성큼 들어섰다. 이제 AI는 아이부터 노인까지 모두에게 익숙한 단어가 되었다. 인간으로서는 엄청난 시간을 투자해야 하는 방대한 양의 작업을 순식간에 뚝딱 해내며 많은 이들을 놀라게 하고, 현기증을 느낄 정도로 연일 빠르게 발전하는 모습을 선보이고 있다.

AI가 이렇게까지 똑똑해진 건 데이터를 통해 스스로 규칙을 찾고 학습하는 머신러닝, 그중에서도 딥러닝 덕분이다. 인간과 전혀 다른 시각에서 접근 가능한 능력을 가지게 되었기에 인간을 넘어설 수도 있게 된 것이다. 이런 능력으로 2016년 알파고가 이세돌 9단을 이기자 사람들은 큰 충격을 받았고 AI가 인간의 자리를 위협하는 흉흉한 시나리오가 돌았다.

그런데, 이런 불안을 잠재우는 반가운(?) 소식이 들려왔다. AI가 머핀과 치와와를 구별하지 못한다는 것이었다. 세 살 아이도 구별할 수 있는 머핀과 치와와지만, AI 입장에서는 갈색을 띠고 까만 점을 가진다는 측면에서 매우 유사하게 보여 구별이 어려운 대상이었다. '장님 코끼리 만지는 격'처럼 말이다. 물론 이후의 발전된 AI는 하드웨어와 데이터의 한계를 극복하면서 둘을 잘 구별할 수 있게 되었다.

어쨌든 AI는 인간과 달리 고정관념이나 편견 없이 대상을 바라보는 특징을 가진다. 그래서 창의적인 사고를 해낸다. 특히 연구 분야에서의 활약이 놀랍다. 이전의 고전적 방식으로는 연관성을 발견하지 못했는데 AI의 접근법을 통해 의미 있는 연관성을 도출하는 경우가 속속 발생하고 있다. 실제로 의료계에서는 '닥터 왓슨' 등 빅데이터 기반 AI가 도입된 각종 질환 진단 분야를 시작으로 최적의 증거 기반 치료법을 제안하는 영역까지 활용 폭이 넓어지고 있다.

AI의 특징을 어느 정도 이해했다면 앞서 언급한 우리의 상상으로 돌아가보자. AI가 내 아이를 본다면 어떻게 바라볼까? "원래 겁이 많았는데….""조리 있게 표현을 잘 못했는데….""순둥순둥한 아이였는데….""어릴 때만 해도 엄마 껌딱지였는데…." 이런 이야기를 늘어놓을까? 그렇지 않을 것이다. AI에게 과거 데이터는 크게 중요하지 않다.

AI라면 최근 6개월간의 구체적인 최신 데이터에 주목할 것이다. 집에서 가족과 이야기 나눈 시간이 하루 몇 분이나 되는지, 방에서 온라인으로 소통하는 시간은 얼마나 되는지, 일주일에 평균 몇 번이나 웃는 표정을 짓는지, 부모와 길게 대화하는 주제가 주로 무엇인지, 어떤 주제를 이야기할 때 목소리 톤이 높아지는지 또는 낮아지는지 말이다. 그리고 그 데이터를 계속 수집하겠지만 섣부른 판단은 하지 않을 것이다. 버릇이 없다든지 이기적이라든지 게으르다든지 그런 해석은 배제하고 이렇다 할 개입도 하지 않으며 그저 데이터를 모을 것이다. 데이터가 아주 많이 쌓이더라도 바로 결론짓기보다는 '~한 경향이 있다', '~할 확률이 ○○퍼센트다'라는 정도의 해석만 할 것이다. 내향적이다, 외향적이다처럼 이분법으로 분류하기보다는 30퍼센트 내향적, 70퍼센트 외향적이라고 분석하거나 어쩌면 완전히 다른 분류를 활용하여 아이를 정의할지도 모르겠다. 아이를 파악한 뒤에도 "쟤는 공부에 관심이 없어", "쟤는 맨날 놀 생각뿐이야", "쟤는 틀림없이 안 하겠다고 할 거야" 하며 단정 짓지 않는다는 말이다.

그러니 AI처럼 아이를 바라보도록 노력하자. 이는 선입견을 내려놓고 아이를 있는 그대로 잠잠히 관찰하는 자세를 말하며, 판단을 보류하는 자세를 말한다. 아이를 보면서 아이의 생각과 행동을 추정할 수는 있어도 단언하거나 확신하지 않는다는 의미다. 이런 과정을 통해 그간 생각지 못했던 다양한 면들에 주목하다 보면 분명 지금의 아이를 좀 더 잘 이해하고 사랑할 수 있을 것이다.

아이는 부모와
완전히 다를 수 있다

"귀여워라. 어쩜 엄마를 쏙 빼닮았네요."

"어머, 웃는 게 아빠랑 똑같네 똑같아."

붕어빵, 판박이, 미니미 등으로 불릴 정도로 부모와 유난히 닮은 아이들이 있다. 외모뿐 아니라 성격이나 기질도 닮게 마련인데, 내 아이에게서 나와 비슷한 부분을 발견하는 것은 부모로서 참 신기한 경험이다. 나의 경우 첫째 아이는 사람을 좋아하고 말하기를 좋아하는 면이 나를 빼다 박았고, 다소 원칙적이고 꼼꼼한 면은 둘째 아이가 물려받았다.

부모와 같이 진료실을 찾는 아이들을 볼 때면 누구를 닮았을까 자연스럽게 살펴보게 되는데, 아무래도 자신과 닮은 면을 부모가 좀 더 잘 이해하는 경우가 많다. "제가 어릴 때 좀 산만해서 공부를 잘 못했거든요. 얘도 산만한 것 같아서 빨리 치료하려고 데려왔어요." "저도 부끄럼을 많이 타는 성격이라 학교 다닐 때 정말 힘들었는데, 얘도 얼마나 힘들까 싶어요." 이런 식으로 말이다.

한편으론 자신을 닮지 않은 부분 때문에 너무 힘들다는 사람들도 있다. "얘는 정말 누굴 닮아서 이런지 모르겠어요. 저도 남편도 털털한 편인데 얘는 사소한 것 하나 가지고도 잘 삐쳐요. 이해가 안 돼요." "저는 스트레스받으면 밖에 나가 좀 돌아다녀야 하는데, 얘는 집에만 들어오면 밖에 절대 안 나가니 답답해요. 자기는 아무렇지도 않다는데 보는 사람은 정말 답답해요." "남편이랑 저는 둘 다 정리 정돈을 잘하는데, 얘 방은 쓰레기장이에요. 도통 정리를 안 해요."

생물학적으로 부모의 DNA를 물려받았다 해도 실제로는 부모와 다른 아이들이 꽤 많다. 또한 모든 아이가 부모를 공평하게 반반 닮는 것은 아니기에 부모 중 한쪽을 더 많이 닮은 아이를 기르며 반대쪽 양육자가 어려움을 느끼는 경우도 비일비재하다. 정신분석가 도널드 위니콧Donald Winnicott은 양육에서 아이가 편안하게 느낄 수 있는 환경holding environment의 중요성을 강조했다. 양육자가 아이를 잘

담아주면 심리적으로 잘 성장하지만, 그러지 못하면 심리적 어려움을 가진 채 성장한다는 것이다. 부모와 자녀가 기질적으로 차이가 많이 나면 편안한 환경을 제공하지 못해 초기 애착부터 문제가 생기기 쉽다. 예를 들어 외향적인 아이를 내성적이고 조용한 부모가 감당하기 어렵다든지, 내향적인 아이를 외향적인 부모가 이해하지 못한 채 자꾸 다그치고 비난한다든지 하는 경우가 여기에 해당된다.

그런데 어릴 때는 엄마 말을 잘 듣던 아이가 사춘기가 되어서 유난히 달라지는 경우가 있다. 이것은 원래 아이가 기질적으로는 많이 달라도 어릴 때는 엄마의 양육 방식에 어느 정도 맞추어 지내다 사춘기가 되면서 점차 아이 본연의 기질이 뚜렷하게 드러난 것으로 봐야 한다. 이럴 때 부모가 아이를 잘 파악하고 있으면 괜찮은데, 아이를 잘 모르고 있거나 자신과 잘 안 맞는 기질을 억누르려고 과하게 개입하다 보면 악영향이 생기기 십상이다.

이런 문제에 부딪혔을 때는 내 아이지만 나와 완전히 다를 수 있음을 인정하고 완전히 새로운 시각으로 아이를 바라봐야 한다. 내가 좋아하는 청국장을 아이는 싫어할 수 있다. 나는 교사가 되고 싶었지만, 아이는 가수가 되고 싶을 수 있다. 아이가 별나다고 느껴질 때, 버겁다고 느껴질 때, 내가 갇혀 있던 사고의 굴레에서 벗어나보자. 누가 아는가. 부모의 반대를 무릅쓰고 가출까지 하면서 기어코 도전했다는 연예인의 성공 스토리가 내 아이 이야기가 될지. 마음을 열고 보면 가수가 되겠다고 애쓰며 노력하는 아이의 몸부림이 가상해 보이고 숨겨진 원석처럼 보일 수 있다.

물론 아이를 파악하는 일이 쉽지만은 않다. 아이와 많은 대화를 나누는 것이 제일 좋겠지만, 간단한 MBTI 같은 유형검사나 TCI 같은 기질검사를 아이와 함께 받아보는 것도 방법이다. 이를 통해 부모와 자녀의 기질을 비교하고 서로 다른 면을 확인하고 이해해보는 과정이 도움이 될 수 있다.

내 아이의 재발견. 이는 어쩌면 사춘기에 누리는 부모의 특권일 수 있다. 아이를 있는 그대로 이해해보자. 이해하면 굳이 고치려 애쓰지 않고 서로 편해진다. 다르다고 해서 불편하게 느낄 이유는 없으니 말이다. 아이는 당신과 완전히 다를 수 있다는 사실만 잊지 말자.

>>>>>>>>>>

1 좋은 코치가 되려면 코칭 대상을 제대로 파악해야 한다. 지금까지 알던 것을 다 버리고 완전히 새로운 아이를 만난다는 생각으로 내 아이를 바라보자.

2 AI가 내 아이를 본다면 데이터에 입각해 다른 시각으로 볼 것이다. 선입견을 내려놓고, 있는 그대로 관찰하며, 판단을 보류하는 자세로 임하자.

3 아이는 당신과 완전히 다를 수 있다. 부모와 자녀가 기질적으로 많이 차이 나면 양육하기가 쉽지 않은 것이 현실이다. 내 아이를 재발견하고 다름을 이해하면 서로 편해질 수 있다.

<<<<<<<<<<

2장

친구 같은 부모? NO
부모다운 부모? YES

지금까지 아이를 있는 그대로 바라보고 재발견하자는 이야기를 했는데, 이제는 부모로서의 나를 바라보자는 이야기를 해보려고 한다. 지피지기면 백전불태라고 했다. 아이를 발견하는 데서 그치지 말고 부모로서 자신의 내면을 잘 들여다보면 아이와의 상호작용에 큰 도움이 된다. 아이가 심리 검사를 받을 때 부모도 꼭 함께 받아야 하는 이유가 여기에 있다. 부모의 성격적 특징이나 부모 역할에 대한 이해와 소망 등은 무의식의 영역에 있어서 잘 드러나지 않는 경우도 많지만, 아이를 대하는 행동에 심대한 영향을 주는 중요한 요소다.

잠시 스스로에게 질문을 던져보자. 나는 어떤 부모가 되고 싶은가?

"친구 같은 부모가 되고 싶었어요. 저희 부모님은 너무 바쁘시기도 했고 같이 놀아본 기억이 아예 없어서 많이 아쉬웠거든요. 그래서 아이 말도 잘 들어주고 자주 함께 놀아주면서 친구처럼 지내려고 했던 것 같아요."

"휴일에는 여행도 곧잘 다니고 아이가 해달라는 건 웬만하면 다 해주려고 하죠. 그래서인지 아이도 저를 편하게 대하는 것 같아요."

탈권위적이고 아이와 많은 것을 공유하는 요즘 부모들은 대부분 친구같이 따뜻하고 재미있는 관계를 꿈꾼다. 그래서 아이들은 부모와 친하게 지내며 자신이 원하는 것이나 고민이 있으면 부모에게 쉽게 말하고 요구한다. 이런 관계는 부모에게도 자녀에게도 친밀감과 안정감을 준다.

그러나 이런 장점에도 불구하고 '친구 같은 부모'는 실제로는 환상에 가까우며, 이를 추구하는 행동들이 오히려 부모-자녀 관계에 부정적 영향을 미칠 수 있는 위험도 있다. "설마요. 그냥 친하면 좋은 거 아니에요?" 아니다. 왜 안 좋은지 그 이유와 영향을 자세히 살펴보자.

친구 같은 부모라는 환상

친구 같은 부모가 된다는 것은 환상에 가깝다. 오히려 부모-자녀 관계를 역기능적으로 만들 수 있는 여러 약점마저 가지고 있다.

우선 친구 같은 부모는 적절한 제한이 필요한 상황에서도 제대로 대처하기가 어렵다. 어릴 때야 부모의 말을 순순히 듣지만 점차 자기주장이 강해지면서 부모의 말에 반감을 품고 따지는 경우가 잦아진다. 특히 사춘기에는 이 '친구 같은' 친밀감 때문에 부모의 제한 설정을 잘 받아들이지 못하고 무시하기가 십상이다. 친구끼리는 서로 간섭이나 제한을 하기가 어려운 것과 마찬가지다.

"어릴 때부터 가지고 싶어 하면 다 사줬어요. 뭐 얼마나 한다고 그걸로 아이를 울리나 싶어서요. 근데 점점 요구하는 스케일이 커지더니 요즘은 200만 원 하는 운동화를 사달라고 하더라고요. 지난번에도 비싼 옷을 사달래서 사줬는데 얼마 입지도 않았어요. 입지도 않는 옷 뭐 하러 사냐고 해도 막상 안 사주면 난리를 치니 정말 힘들어요."

친구 같은 부모를 지향하다 역효과를 본 전형적인 사례다. 이런 경우 부모는 많이 힘들어하는 반면 정작 아이들은 문제의식이 별로 없다. "비싼 건 알지만 다 이유가 있어서 사달라고 한 거예요." 제한을 받지 않고 자란 아이는 당연히 부모가 자신의 힘든 점을 해결해주고 들어줘야 한다고 착각한다.

그러나 현실에서는 가지고 싶은 것을 다 가질 수 없다. 아이는 부모를 통해 자기통제와 조절을 배우고 사회화되어야 한다. 원한다고 다 가질 수 없다는 사실을 알아야 하며, 타협해가는 과정을 통해 더불어 사는 법을 익힌다. 그런데 친구 같은 부모는 아이를 통제하는 데 미안함을 느끼고 주저하기 때문에 이 과정이 어려워진다.

두 번째, 부모가 아이를 '진짜' 친구로 착각하여 실수를 하기 쉽다. 친구 같은 부모라는 콘셉트를 오해해 아이를 놀리거나 장난을 거는 부모들이 있다. "우리 아빠는요, 정말 짜증 나요. 하지 말라고 해도 자꾸 놀리고 저를 툭툭 쳐요." 얼굴을 잔뜩 찡그리며 토로하는 이 아이에게는 자신의 어려움을 털어놓을 든든한 아빠는 없고, 성가시고 통제 불능인 친구가 있는 셈이었다. 그런 아빠는 자신에게 도움이 안 되고 멀리하고 싶을 뿐이다. '뚱뚱하다', '못생겼다'와 같이 외모를 비하하며 놀리거나, 너무 직설적으로 말하거나, 양보나 헤아림 없이 아이와 다투는 부모들도 있다. 이럴 경우 성숙한 어른의 모습을 보여주지 못하는 부모를 아이가 신뢰하지 못하게 되어 어려운 일이 생겨도 부모에게 털어놓기보다는 혼자 해결하려 하며 힘들어한다.

세 번째, 부모가 자신의 어려움을 하소연하며 오히려 아이에게 기대게 될 수 있다. 사는 게 참 팍팍하고 어려운 세상이라, 중년에 들어선 부모들은 자식과 부모를 동시에 부양해야 하는 부담, 직장과 생계 스트레스 등으로 힘겹게 살아가고 있는 게 현실이다. 나날이 주름이 늘고 체력이 약해져가는 게 느껴지는데, 아이가 슬슬 나만큼 키가 커지고 제법 말이 통하는 것 같으면 그동안 꽁꽁 숨겨두었던 부모의 의존 욕구가 슬며시 고개를 들 수 있다.

아이 앞에서 자신이 얼마나 힘든지 하소연하며 위로를 구하는 부모들이 생각보다 많다. "네 엄마가 말이야…", "네 아빠가 말이야…" 하며 아이를 자기편으로 삼으려고 배우자의 험담을 늘어놓는다. 몸이 얼마나 아픈지, 친가나 외가가 얼마나 우리 가족을 섭섭하게 하는지, 경제적으로 얼마나 쪼들리는지 지나치게 낱낱이 알려주며 부담을 지우는 실수를 범하기도 한다. "너도 이제 밥값 해야지" 하며 부모 대신 집안일 하는 것을 당연하게 여기거나, 자꾸 심부름을 시키거나, 오히려 아이에게 보호자 역할을 맡기며 심리적으로 의존하는 경우도 종종 본다.

하지만 아직 심리적으로 미성숙하고 돌봄을 받아야 할 아이에게 이런 부모의 하소연은 큰 짐이 된다. 이 경우 아이는 부모의 인정을 얻기 위해 자신의 욕구를 누르고 버거운 희생을 감수하기 때문에 겉으론 또래보다 의젓하고 다른 사람을 배려하는 것 같아 보이기도 한다. 그러나 실제론 자기주장을 잘 못하고 만성 우울감과 자해, 자살 사고 등의 심리적 어려움을 겪는 경우가 많다.

건강하게 성장하지 못하고, 해소되지 못한 의존 욕구와 자신에 대한 엄격한 잣대 속에서 방황하는 어른아이로 남아 있는 사람들을 '착한 아이 증후군'에 걸렸다고 표현한다. 눌러도 자꾸 삐져나오는 우울감을 어쩌지 못해서 들킬까 몰래 자해하며 참아내는 '착한 아이'들을 진료실에서 종종 만난다. 그렇게 힘든 상황에서도 부모에게만은 비밀로 해달라는 말을 덧붙이는 아이들을 보면 참 마음이 아프다.

네 번째, 친구 같은 부모-자녀 관계의 가장 큰 단점은 아이도 부모를 친구로 착각하여 부모를 함부로 대할 수 있다는 것이다. 이런 현상은 눈높이도 체격도 비슷해지는 청소년기가 되면 특히 심해진다.

"아이가 밖에서는 모범생인데 집에만 오면 짜증을 내고 싸울 때는 말도 함부로 해요. 이 XX야 하면서 친구들에게도 안 할, 입에 담을 수 없는 욕을 막 해요." 안타깝지만 진료실에서 종종 듣는 하소연이다. 밖에서는 친구들 눈치를 보고 조심하면서, 집에서는 만만해 보이는 부모에게 폭언을 하고 물건을 던지고 폭행까지 서슴지 않는다. 이는 단순히 사춘기의 문제라고 보기 어렵고 부모와의 관계 자체가 잘못 자리 잡은 경우라고 볼 수 있다. 지나치게 잘해주고 친해진 결과 오히려 방종을 부르는 역효과가 난 것이다. 반말을 쓴다고 다 이런 문제를 겪지는 않지만, 평소 존댓말을 쓰면 갈등 상황에서 부모에게 막말을 하거나 폭력적으로 변할 가능성이 줄어든다.

그러니 친구 같은 부모가 되기보다는 부모다운 부모가 되기 위해 애쓰자. 친밀감은 가지되 부모의 권위는 남겨놓자는 말이다. 부모는 부모이지 친구여서는 안 된다. 부모가 친구가 되어주지 않더라도 아이에게 친구는 많다. 그렇지만 부모는 다른 사람이 대신할 수 없다. 때로는 따뜻하게, 때로는 엄격하게, 아이가 싫어할 이야기도 전달하는 용기를 가져야 하는 것이 부모다. 아이가 부모를 사랑할 뿐만 아니라 존경할 수 있어야 한다. 그러니 부모다운 부모의 자리를 잘 지키자. 그게 진정 아이를 위하는 길이다.

그리고 한 가지 더 생각해볼 것이 있다. 왜 친구 같은 부모가 되고 싶었을까? 친구 같은 부모가 되고 싶은 사람들의 마음 깊숙한 곳에는 의존 욕구가 자리하고 있다. 어린 시절 가족에게서 사랑받고 인정받지 못해 생긴 심적 결핍이 부모 역할에 지나치게 집중하게 만들고 좋은 부모로 인정받고 싶은 욕구를 자극할 수 있다. 이런 경우 과할 정도로 아이를 신경 쓰고 비위를 맞추려 하며, 훈육해야 하는 상황을 힘들어하고, 아이가 속상해하는 순간을 유달리 참기 어려워한다.

그러나 부모의 의존 욕구는 아이를 망치는 지름길이다. 아이가 싫어할 만한 말을 하지 않고, 기분을 상하게 하지 않으려 정작 해야 할 부모 노릇을 하지 않기 때문이다. 아이가 좋아한다고 해서 하루 종일 단것만 먹이고 공부도 시키지 않고 이도 안 닦게 할 수는 없다. 만일 그렇게 한다면 아이는 결국 자기 절제를 배우지 못하고 사회 부적응자가 되어 부모를 원망하게 될 것이다. 때로는 아이가 싫어하고 화내더라도 잘 다독여서 부모가 바람직하다고 생각하는 길로 잘 데리고 오는 것, 그것이 부모다운 부모가 할 일이다.

아이들을 키우면서 나 또한 이와 관련된 고민이 많았다. 아이에게 안 된다고 말하기가 어려웠고 원칙을 내세우면

속 좁은 사람처럼 느껴졌다. 나쁜 부모가 된 것 같기도 하고 괜히 불편한 마음에 화내는 말투로 말하는 바람에 서로 마음 상한 적도 있었다.

특히 수면 시간을 지키는 것이 참 힘들었다. 늦게 자려고 버티는 아이들에게 화를 내다가 "엄마는 천사인데 밤 11시만 되면 악마가 돼요"라는 말을 들은 적도 있다. 그래도 정해둔 수면 시간을 지키기 위해 칭찬 스티커를 붙여주고 잠자는 분위기를 조성하는 등 꾸준히 노력했다. 또 용돈, 디지털기기 사용 등 다양한 영역에서 원칙을 세우고 제한을 설정하는 과정에서 그냥 마음껏 허용해줘야 아이를 더 사랑하는 것 같고 더 좋은 부모가 되는 것처럼 느껴지는 유혹에 시달리기도 했다. 다행히 그런 위기들을 무사히 넘겼고 아이들도 잘 따라와준 덕분에, 아이들이 오히려 그때의 노력을 고마워하고 스스로 원칙을 세우고 지키는 시기를 맞이하게 되었다. 그러니 과거의 나 같은 고민을 하고 있는 독자들도 지금 이 순간 힘을 내서 꺾이지 않으면 좋겠다.

좋은 말, 아이가 좋아하는 말만 하는 것이 아니라 아이에게 필요한 말을 아이가 받아들일 수 있는 형태로 만들어서 전달하는 것. 현재뿐 아니라 미래를 보며 아이와 동행하는 따뜻한 어른이 되어주는 것. 이것이 바로 부모다운 부모가 해줘야 할 일이다.

당신은 어떤 부모일까

친구 같은 부모 말고 부모다운 부모가 되자는 말에 공감은 해도 구체적으로 와닿지 않을 수 있다. 부모다운 부모가 되려면 어떻게 해야 한다는 말인가?

이에 앞서 먼저 알아볼 것이 있다. 바로 현재 부모로서 당신의 모습이다. 현재 당신은 어떤 부모인가? 이를 위해 다음 두 가지 질문에 답해보자.

1. 아이에 대한 애정이 높은 편인가 낮은 편인가?
2. 아이에 대한 통제가 높은 편인가 낮은 편인가?

미국의 심리학자이자 아동발달 전문가인 다이애나 바움

린드Diana Baumrind는 이 두 가지 요인, 즉 애정warmth과 통제 control를 기준으로 부모의 양육 태도를 독재형, 권위형, 허용형, 방임형 네 가지로 나누었다.

이해를 돕기 위해 다음과 같은 상황을 상상해보자.

밤 11시 반, 내일 출근해야 하는 당신은 졸음이 쏟아져 침실로 들어가려고 하는 중이다. 그런데 아이 방에 불이 켜져 있다. 아이는 아직 안 자고 휴대폰을 열심히 들여다보고 있다. 어제와 오늘, 이틀 연속 아이는 학교에 지각했다. 내일 또 지각하지 않으려면 최소한 아침 7시 30분에는 일어나야 하는데 아이는 잘 생각이 전혀 없어 보인다. 걱정된 당신은 아이에게 자야 할 시간임을 알렸으나 아이는 대꾸 없이 휴대폰 삼매경이다. 이럴 때 당신은 어떻게 할 것인가? 네 가지 대처법 중 자신의 행동과 가장 비슷한 것을 골라보자.

- -

① 자야 하는 시간에 휴대폰이라니! 정신이 있어 없어! 폰 압수야. 당장 자!

② 자기가 하고 싶어 하니 막을 수야 있나. 피곤하지만 내가 좀 기다렸다가 자야지. 세 번 지각이면 결석 한 번으로 친다는데 내일도 늦게 일어나면 차라리 아프다고 거짓말해서 결석을 면하게 하는 편이 낫겠다.

③ 다 컸는데 자기 일은 자기가 알아서 하는 거지, 나도 모르겠다. 당장 내 일도 너무 바빠서 신경 쓸 시간이 없으니 그냥 두고 잘 수밖에.

④ 우리 얘기 좀 할까? 밤 11시 반인데 휴대폰을 계속하고 있구나. 이틀 연속 지각했는데 이대로라면 내일도 지각할 것 같다. 10분 내로 마무리하는 게 어떻겠니?

당신의 평소 대처는 어느 쪽에 가까운가? ①에 가깝다면 '독재형', ②에 가깝다면 '허용형', ③에 가깝다면 '방임형', ④에 가깝다면 '권위형'이라고 볼 수 있다. 물론 상황 하나만으로 단언할 수는 없다. 가볍게 참고하고 각 유형을 좀 더 자세히 보며 자신이 어디에 가까운지 생각해보자.

독재형 Authoritarian

아이에 대한 애정이 낮으면서 통제가 높은 유형으로 '권위주의형'이라고도 불린다. 이런 부모는 자신이 시키는 대로 아이가 따르기만을 원하고 아이의 자율성을 인정하지 않는다. 아이가 자신의 말을 듣게 하기 위해 지시, 비난, 위협을 자주 사용하며 통제되지 않을 때는 강한 처벌을 가하기도 한다. 이런 부모에게서 자란 아이들은 자존감이 낮고, 다른 사람들의 눈치를 많이 보며 위축된 모습을 보이기 쉽고, 감춰진 분노로 인해 권위 대상과 갈등을 겪거나 공격적인 태도를 보일 가능성도 높다.

허용형 Permissive

아이에 대한 애정은 높고 통제는 낮은 유형으로, 아이의 요구에 지나치게 관대하고 통제하지 않아 아이가 하고 싶은 대로 하도록 둔다. 가지고 싶은 것은 웬만하면 다 사주고 아이의 욕구를 제한하지 않는다. 또한 아이가 스스로 결정할 수 없는 나이인데도 작은 것들까지도 아이가 결정하게 하며 지나치게 아이에게 맞추려는 모습을 보인다. 이 경우 아이들은 좌절 인내력이 낮고, 자기 조절을 잘 못해 사회 적응을 어려워하며, 자존감이 낮고 타인에게 요구적이고 배려를 모르는 어른으로 자랄 가능성이 높다. 이런 부모는 어린 시절 자신이 지나친 통제하에 커서 통제가 필요 없다고 오해하고 있거나 부모로서 자신감이 부족한 경우가 많다.

방임형 Neglectful

아이에 대한 애정이 낮고 통제도 낮은 유형으로, 부모가 아프거나 너무 바쁘거나 이런저런 사정으로 아이와 상호작용을 할 수 있는 시간이 없어 제대로 된 돌봄이 제공되지 않는 경우가 대부분이다. 부모 자신이 방임 상태에서 자라 부모 역할에 대한 이해가 부족한 경우도 여기에 해당할 수 있다. 이 유형 가운데는 "아이는 스스로 알아서 큰다"라는 잘못된 믿음을 가진 부모가 많다. 부모의 부재로 스스로 자신을 돌봐야 하는 아이들은 유기 불안fear of abandonment을 포함한 정서적 결핍을 자주 겪는다. 이로 인해 자존감이 낮고, 우울·불안·관계 어려움 등 심리적·정신적 문제를 겪을 수 있으며, 적절한 감독이 제공되지 않아 비행에 빠질 우려도 높다.

권위형 Authoritative

아이에 대한 애정도 높고 통제도 높은 유형으로 '민주형'

으로 불리기도 한다. 이 유형의 부모는 아이에 대한 관심이 높고 아이와 많은 시간을 함께하면서 소통한다. 아이가 스스로 할 수 있도록 격려하면서도 필요할 때는 권위를 적절히 활용해 제한한다. 아이들의 생각과 감정을 잘 수용하고 중요한 일을 함께 상의하여 결정한다. 이런 부모에게서 자란 아이들은 자존감이 높고 자율성이 높으며 적절한 자기주장을 통해 타인과의 의견 차이를 잘 조율할 줄 알기에 사회에서도 잘 적응한다. 네 가지 유형 중 가장 바람직하다고 볼 수 있으며, 지금 이야기하는 '부모다운 부모'의 모습에 가장 가깝다.

물론 부모들은 한 가지 유형대로만 행동하지 않으며 환경이나 상황에 따라 달라질 수 있다. 집에 있을 때는 권위형이지만, 바깥에 나가면 독재형이 되었다가, 친척 집에 가면 허용형이 될 수도 있다. 기본적으로는 집에 있을 때 보이는 행동을 기준으로 주된 부모 유형을 판단해보자. 그리고 상황에 따라 많이 달라지는 경우에는 아이가 혼란스러울 수 있으므로 어느 정도는 일관성이 유지될 수 있도록 하는 것이 중요하다.

자녀 양육 태도의 4가지 유형

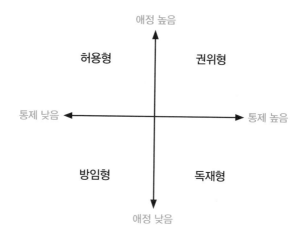

네 가지 유형 가운데 '부모다운 부모'에 가장 가까운 것은 '권위형'이라고 했다. 그래서 대부분의 부모는 아이가 어릴 때는 '권위형'을 유지하기 위해 많은 노력을 한다. 하지만 이게 생각보다 쉽지 않다. 그래서인지 사춘기가 되면 갑자기 다른 유형으로 바뀌는 경우가 많다.

우리나라의 경우 독재형 부모 아래서 자란 부모들이 많다. 그들은 자기주장이 강해지는 사춘기 아이의 변화를 보면서 '내가 너무 아이를 오냐오냐해서 참을성이 부족한 것 아닐까?', '내가 너무 쉬워 보여서 아이가 나를 무시하지 않을까?' 하며 불안해하기 시작한다. '권위형'이 좋다는 것을 머리로는 알아도 실제로 경험한 적은 없기에 아이와의 관계가 안 좋아지면 중심 잡기가 어려워지는 것이다. 그래서 저도 모르게 자신의 부모가 보였던, 자신이 가장 익숙한 유형의 행동으로 돌아가는 실수를 저지르곤 한다.

"공부는 잘하지 않아도 괜찮으니 다양한 경험을 시켜주면서 키우자, 그렇게 마음먹었어요. 그런데 아이가 중학교 가니까 이게 맞나 갑자기 불안해졌어요. 잔소리도 많이 하게 되고…. 휴대폰 뺏고 와이파이 공유기 부수고 소리 지르고. 저도 모르게 그러고 있더라고요"라는 부모는 권위형에서 독재형으로 갑자기 변한 경우다.

"그동안 하고 싶은 대로 다 하게 해주더니 갑자기 중학생 됐다고 이러니까 너무 적응도 안 되고 왜 이러나 싶고, 부모님이 미웠어요." 이와 같이 부모의 급작스러운 양육 태도 변화는 아이에게 오히려 배신감을 느끼게 하고 반항심만 키워 득보다 실이 많을 수밖에 없다.

물론 사춘기가 되면서 약간의 양육 태도 변화는 당연하다. 학업, 자기 조절, 진로 문제, 금전 관리 등 아이가 배우고 해나가야 할 일들이 많기 때문이다. 아이도 부모가 자신을 마냥 감싸주기만 바라지는 않는다.

다만, 아이가 적응할 수 있게 매일 딱 5도씩만 바꿔보면 어떨까. 휴대폰 사용이나 수면 시간 제한을 두어야겠다고 생각한다면 태도를 한꺼번에 180도가 아니라 서서히 5도씩만 바꾸고 아이의 반응과 자신의 마음을 살피면서 고민해보자. 변화의 속도가 너무 빠르면 부작용만 낳을 뿐이다. 그대신 꾸준히 매일 조금씩 바꿔가면 시간이 쌓일수록 분명 큰 차이가 나타날 것이다.

아이를 혼자 재우기 시작했을 때 어떻게 했는지 기억하는가? 갑자기 칼같이 떼어놓기보다 처음에는 잠들기까지 옆에 누워서 기다려준다든지 자기 전 인사를 오래 한다든지 주말에는 같이 자고 평일에만 따로 잔다든지 하면서 서서히 분리한 경험이 대부분일 것이다. 그러다 보니 어느새 아이도 혼자 잠들게 되었다. 그때를 떠올리며 사춘기 아이를 마주해보자.

친구 같은 부모가 되고 싶은
진짜 이유

내가 전공의 때 가장 좋아했던 수업은 정신분석 강의였다. 뉴욕에서 정신분석을 공부하고 오신 멋진 교수님께서 한마디씩 던져주신 개념들은 열정으로 가득 찬 늦깎이 의사의 마음에 단비처럼 스며들었고, 인간 심리의 역동성을 깊이 있게 이해하는 좋은 길잡이가 되어주었다.

'공생symbiosis'이라는 개념도 그중 하나였다. 정신분석학자인 마거릿 말러Margaret Mahler가 발달 초기의 아이와 엄마의 관계를 묘사할 때 사용한 용어로, 아이가 엄마에게 정서적으로 신체적으로 완전히 의존하며 둘이 하나처럼 느끼는 것을 일컫는다. 공생 단계에 있던 아이는 이후 자신이 온전한 하나의 개체임을 점차 인식하고 행동하게 되는데, 이런

'분리-개별화separation-individualization' 과정을 거쳐 아이는 궁극적으로 건강한 성인으로 기능하게 된다.

그런데 유난히 공생이라는 개념이 나에게 크게 와닿았던 이유가 따로 있었다. 바로 육아와 전공의 생활을 병행한 나의 상황 때문이었다. 교수님께서 강의 시간에 공생이라는 단어를 설명할 때는 중요 타인과의 관계에서 지나치게 하나가 되고 싶어 하는 성인 환자의 병리적 욕구라는 맥락이었지만, 그 설명을 듣는 나는 그 개념이 부모로서 아이를 향한 내 마음을 대변해주는 듯 느껴졌다. 아이가 아프면 나도 아프고, 아이가 울면 나도 슬프고, 아이의 어려움에 같이 발을 동동 구르며 불안해했다. 아이를 마치 내 신체의 일부분인 양 나와 강력하게 연결된 존재로 인식했다. 아이와 온전히 같이 있어주지 못해 우울해했고, 아이를 보면 항상 안쓰럽고 미안했다. 이런 복잡한 감정으로 힘들어하던 내게 공생이란 단어는 아이와의 관계에서 겪는 어려움을 너무나 정확히 짚어주고 있었다.

생각해보면 분리-개별화가 필요했던 건 아이가 아니라 엄마인 나였다. 이후로도 나는 양육 상황에서 공생 개념을 자주 떠올렸다. 그러면서 부모로서 지나치게 아이와 동일시하지 않고 조금씩 분리하려고 노력했다. 이것이 지금까지 나에게 큰 도움이 되고 있다.

전문의가 된 후 진료실에서 많은 부모들을 만나며 아이와 '공생'하고 싶다는 소망이 나만이 아니라 요즘 부모들의 마음에도 강력하게 자리 잡고 있음을 거듭 목격했다. 아이의 등하교를 살피고, 작은 성취에도 기뻐하고, 친구 관계나 학업을 하나하나 챙기며 일거수일투족에 일희일비하는 부모들이 특히 그랬다. 아이가 어리고 약할 때는 이런 점이 긍정적으로 작용할 수도 있다. 그러나 아이가 커가면서는 아이의 분리-개별화를 막아 건강한 성장을 방해할 가능성이 높다.

친구 관계 문제, 학업 스트레스, 실패의 경험, 그로 인한 억울감 등 아이가 응당 겪어야 할 정상적인 좌절에도 지나치게 긴장하며 불안해하는 부모들이 많다. 아이와 친하다고 느낄수록 그런 경향이 심하다. 내 아이가 잘되기를 바라는 부모 마음이야 당연하지만 지나치면 문제가 되는 법이다.

아이가 기죽지 않길 바라는 마음에 학원을 열 군데 이상 돌리면서, 아이가 힘들어하자 "다 너 잘되라고 이러는 거야"하고 화를 내는 부모가 바로 이런 경우다. 사귈 만한 친구를 일일이 다 정해주기도 하고, 아이가 친구와 다투고 오면 부모 본인이 더 분노하며 항의하여 급기야 애들 싸움이 어른 싸움으로 번지기도 한다. 정작 아이는 화해하고 싶어하는데도 부모가 뜻을 꺾지 않는 바람에 친구를 잃기도 한다. 이쯤 되면 아이를 위한 것이 아니라 부모 자신이 앞선 경우라고 봐야 한다.

또 어떤 부모는 아이가 학교에서 잘 적응하길 바라는 마음이 지나쳐 매일 책가방을 싸주고 숙제를 해주는 등 아이가 할 일을 본인이 대신하기도 한다. 아이 인생을 부모가 살아주고 있다 해도 과언이 아니다.

물론, 그런 부모 마음 자체가 잘못되었다는 것은 아니다. 고백하건대 나도 크게 다르지 않았다. 불과 1990년대까지만 해도 부모가 아이에게 크게 신경 쓸 여유가 없어서 아이들이 어려서부터 자기 일을 자기가 알아서 챙기는 것이 일반적이었다. 그러다 보니 요즘 사춘기 부모들에게는 부모와 너무 일찍 분리되었다는 아쉬움이 마음 한구석에 남아 있어 오히려 너무 늦게까지 아이들을 분리시키지 못하는 어려움을 겪는다.

아이가 어릴 때는 이것저것 챙겨야 할 부분이 많아서 이런 간섭이 유용하게 느껴지기도 한다. 하지만 사춘기에 접어들어 분리가 필요해지는 시기에는 독이 될 수 있음을 명심해야 한다.

부모라면 누구든 힘든 출산의 고통 끝에 아이를 품에 안은 첫 순간의 감격을 잊을 수 없을 것이다. 작고 꼬물거리는 연약한 아이를 품에 안은 순간, 부모는 자신이 아이로서 가졌던 모든 소망을 아이에게 투사하며 아이를 마치 자신의 분신처럼 여기는 과정을 거친다. '내가 좋아하니까 우리 애도 좋아하겠지', '내가 중요하게 생각하니까 결국 우리 애도 중요하게 생각하게 될 거야' 하며 공생의 소망을 품게 되는 것이다.

하지만 이런 공생의 소망과 착각은 언젠간 깨지게 되어 있다. 친구 같은 부모라는 미명 아래 아이의 인생에 지나치게 간섭하고 있지 않은지 자신의 마음을 곰곰이 들여다보자. 생각이 다를 수 있음을, 이로 인해 갈등이 빚어질 수도 있음을 인정하고, 그럼에도 불구하고 사랑할 수 있어야 진짜 부모다.

부모가 공생하려는 욕구가 너무 크면 아이는 영원히 성장하지 않는 피터 팬이 될지도 모른다. 부모와의 분리 이후에도 50년 이상 자기 힘으로 살아내야 할 아이에게 그건 재앙이다. 그런 부담을 주려는 것은 아니지 않은가.

그러니 부모들이여, 공생을 넘어 아이와의 분리를 준비하자. 출산만큼이나 어려운 과정일 수 있지만 출산만큼이나 중요하고 의미 있는 일임이 분명하다.

어린 시절 당신을 괴롭혔던
그늘에서 벗어나자

친구 같은 부모가 되고 싶어 하는 마음에는 아이와 하나가 되고 싶은 본능적 욕구가 투영되어 있다고 했다. 대부분의 부모는 아이의 성장과 함께 본인도 성장하면서 그 욕구를 잘 해소하고, 아이를 분리된 개체로 존중하는 상태로 옮겨 간다. 그러나 유독 이 과정을 어려워하는 부모들이 있다.

자신이 유난히 아이에게 집착하는 것 같다면 혹여 어린 시절의 그늘 때문은 아닌지 살펴볼 필요가 있다. 부모 스스로 이루지 못한 한풀이를 아이가 해주기를 바라거나, 힘들었던 청소년기를 자녀는 겪지 않게 하고 싶은 마음에 지나치게 개입하는 경우 등이 대표적이다. 이런 경우 어릴 때는 아이와 과밀착되어 사이가 좋은 듯 보여도 청소년기에 큰 충돌이 일어난다. 여기 민우와 엄마의 사례를 보며 좀 더 깊이 생각해보자.

"그렇게 공부 못해서 한이면 엄마나 실컷 공부하지 왜 나한테 그래! 난 공부가 싫다고!"

민우는 문을 쾅 닫은 뒤 밖으로 뛰쳐나갔다. 가방을 내려놓기도 전에 쉴 새 없이 쏟아진 엄마 잔소리에 화가 나서 그냥 집을 나와버린 것이다. 학원 간다 거짓말하고 PC방 간 것을 알게 되었으니 엄마가 화난 것도 이해는 하지만, 정말 지긋지긋하다는 생각이 들었다. 원래도 엄마는 공부에 극성이었지만 그 전에는 성적이 그런 대로 나와줘서 괜찮았다. 그런데 중학교 2학년에 올라간 뒤 성적이 떨어지자 엄마의 잔소리가 더 심해졌다.

그렇다고 민우가 공부를 안 하는 건 아니었다. 자기 나름대로 최선을 다하고 있었다. 월, 수, 금 저녁에는 영어학원에서 두 시간씩 수업을 듣고 한 시간 동안 숙제를 했다. 화, 목 저녁에는 수학학원에서 세 시간씩 수업을 듣고 저녁 10시가 되어야 집에 왔다. 이런 상황에서 수행평가는 물론이고 학교와 학원에서 추가로 내준 숙제도 해야 했다.

공부해야 하는 것은 알지만, 좋아하는 운동이나 게임할 시간이 아예 없는 요즘은 매일매일이 재미없었다. 너무 힘들어서 학원을 빼고 싶어도 엄마가 절대 안 된다고 막았다. 진짜 너무 가기 싫은 날 몇 번 거짓말하고 몰래 PC방에 갔다 왔는데 그걸 알아차린 엄마가 이 난리였다. 엄마를 속인 게 편치는 않았지만 안 그러면 머리가 터질 것 같아서 그랬는데···. 정말이지 엄마는 사람을 숨 막히게 한다는 생각을 하며 민우는 화가 많이 났다.

'예전에는 엄마 생각을 하면 기분이 좋았는데, 이제는 째려보는 눈밖에 생각이 안 나. 이대로 확 나가버릴까?' 민우는 한없이 답답하고 우울하기만 했다.

"학생이 공부하기 싫다는 게 말이 돼? 엄마는 공부하고 싶어도 못 했어! 너는 공부만 하면 되는데 뭐가 그리 힘들다고 엄살이야! 이젠 거짓말하고 학원을 빼기까지 해? 제정신이야?" 민우 엄마도 질세라 아들의 뒤통수에 대고 냅다 소리를 질렀다. "세상 물정도 모르는 녀석!" 찬물을 벌컥벌컥 들이켜도 화가 가라앉지 않았고 속에서 불이 올라오는 것 같았다.

민우 엄마는 시골에서 자랐다. 그 시절 부모들이 다 그랬듯

아들만 귀하게 여긴 부모님은 큰아들을 대도시로 유학 보내느라 다른 자식들에게는 문제집 한 권 제대로 사주지 못했다. 딸 셋 중 둘째인 민우 엄마는 특히 관심을 많이 받지 못했다. 공부를 꽤 잘했고 고등학교에서도 우수한 성적을 받았지만, 결국 민우 엄마는 집안 형편 때문에 대학 진학의 꿈을 접고 은행에 취직해야 했다. 너무 속상해서 졸업식에도 가지 않고 하루 종일 펑펑 울었던 기억이 가슴 아프게 남아 있었다. 다행히 착실히 돈을 벌고 모은 덕분에 지금은 오빠보다도 더 부모님께 인정받으며 살고 있다. 하지만 무능해 보이는 사람이 대졸이란 이유로 자신보다 먼저 승진하는 것도 아니꼬웠고 죄다 대졸인 요즘 신입들 사이에서 자신의 자리가 좁아지는 것도 서러웠다. 대학 못 나온 콤플렉스가 점점 심해져 마음 한구석이 시렸다.

"우리 애는 좋은 대학 보내서 하고 싶은 거 맘껏 하며 기 펴고 살게 해줄 거야." 이렇게 다짐한 민우 엄마는 민우에게 정말 최선을 다했다. 영어유치원에다 바이올린, 태권도까지 좋다는 학원이면 돈이 좀 들더라도 원 없이 보내줬고 여행도 많이 다녔다. 워킹맘이었지만 학부모회에도 적극적으로 참여해서 민우가 기죽지 않게 뒷바라지했다. 그런 덕인지 민우는 초등학교 때까지는 공부며 운동이며 못하는 게 없는 소위 엄친아로 잘 자라 엄마를 자랑스럽게 해주었다.

그런데 민우가 중학생이 되며 문제가 생겼다. 슬슬 게임과 음악에 빠져서 공부를 게을리하더니 중학교 2학년 기말고사부터는 성적이 심하게 떨어져 아이도 엄마도 큰 충격을 받았다. 하지만 충격도 잠시, 민우는 크게 달라지지 않았다. 불안이 높아진 엄마는 아이가 조금만 느슨해 보여도 잔소리를 늘어놓게 되었다. 나름 좋다고 자부했던 모자 사이도 급격히 냉랭해졌고 아이가 대놓고 화를 내는 날도 늘었다. 올해 들어 학원 가기 싫다고 불평하는 날이 잦아지더니 급기야 요런조런 핑계를 대며 학원을 여러 번 빠진 사실을 오늘 학원 전화를 받고 알게 되었다.

'내가 얼마나 잘해줬는데!' 생각할수록 배신감이 치밀어 올랐다가도 '이러다가 대학도 못 가는 건 아닐까', '나처럼 무시당하며 사는 건 아닐까' 생각하면 목에 뭔가 걸린 것처럼 답답하고 불안해져 참을 수가 없었다.

비슷한 사례를 진료실에서 종종 만나는데, 그때마다 엄마와 아이 모두 정말 이해가 되기에 더욱더 안타깝다. 민우 엄마는 요즘 같은 세상에 태어났다면 하고 싶은 공부를 마음껏 해서 좋은 대학에 갔을 테고, 그러면 콤플렉스에 시달리지도 않았을 것이다. 그렇지만 아쉽게도 그 꿈을 이루지 못했고 그로 인해 마음속에 드리운 그늘이 민우와의 갈등을 증폭시켰다. 자식을 통해 한풀이를 하려다 보니 성적이나 입시에만 매달리며 정작 아이가 뭘 좋아하는지, 어떤 생각을 하고 있는지는 헤아리지 못했다. 그러다 보니 공부하기 싫어하는 아이의 고충을 제대로 들여다보지 못했고 무시로 일관했기에 결국 민우는 배신감과 절망감의 늪에 빠지고 말았다.

다행히 민우와 엄마는 어릴 때부터 쌓아온 친밀감이 남아 있으므로 아직은 노력하면 나아질 수 있는 단계다. 하지만 이런 갈등이 길어지면 서로 영영 멀어지는 안타까운 결과로 이어질지도 모른다. 어린 시절 그늘 때문에 콤플렉스에 시달리는 것도 서러운데 아이까지 잃어서야 되겠는가.

문제는 부모가 자신의 그늘을 깨닫고 직시하기가 생각보다 쉽지 않다는 점이다. 이제 또 다른 사례인 지현이네를 살펴보자.

"야! 지금이 몇 신데 안 들어오고 뭐 해? 도대체 어디서 누구랑 있는 거야?"

중학교 2학년 지현이의 엄마는 오늘도 전화통을 붙잡고 소리를 질렀다. 휴대폰 너머로 짜증스러운 지현이 목소리가 들려왔다. "아, 또 시작이네. 여기 편의점 앞이야. 지영이랑 연아랑 수다 떨고 있어. 금방 가니까 빨리 끊어!"

30분쯤 뒤 집에 돌아온 지현이는 "내가 무슨 아기야? 왜 이렇게 자꾸 전화해? 애들이 엄마 이상하대! 엄마 때문에 창피해 죽겠어!" 하며 문을 쾅 닫고 방으로 들어가버렸다. "그러게, 누가 연락도 없이 늦으래? 걱정돼서 물어본 건데 그게 그렇게 큰 잘못이야?" 어릴 때는 엄마 껌딱지였던 딸이 화내는 모습을 보며 지현이 엄마는 울컥하기도 하고 억울하기도 했다.

지현이 엄마는 참 외롭게 자랐다. 언니와 오빠가 있었지만 나이 차가 많이 났고 장사하는 부모님은 늘 바빴다. 내성적이라 친구도 별로 없었던 지현이 엄마는 거의 항상 집에 혼자 있었다. 그럴 때면 집에 누가 쳐들어올까 불안했고 밖에서 일하는 부모님에게 무슨 사고라도 날까 불안했다. 그럴 때마다 전화를 걸어 부모님 목소리를 듣고 나서야 마음이 편해졌다.

그러던 지현이 엄마는 결혼 후 딸이 태어나자 더 이상 외롭지 않아도 된다는 생각에 정말 좋았다. 유난히 애교가 많고 속도 깊고 성격도 좋은 지현이는 유치원 때부터 엄마의 든든한 말동무가 되어주었다. 마트도, 공원도, 놀이동산도, 어디서든 아이와 함께여서 행복했다.

영원히 엄마의 단짝이 되어줄 줄 알았던 지현이였는데, 초등학교 6학년이 되자 또래 친구들과 보내는 시간이 점점 더 길어지기 시작했다. 하지만 그때까지만 해도 어디서 누구와 노는지 자세히 알려주고 집에 일찍 들어왔기 때문에 크게 걱정하지 않았다. 그런데 중학생이 되면서 갈등이 시작되었다. 활동 반경이 넓어지고 새 친구들을 많이 사귀면서 지현이가 엄마에게 이야기하지 않는 것들이 많아졌다. 어쩌다 말을 꺼내면 엄마가 꼬치꼬치 캐묻고 걱정해서 일부러 밝히지 않은 일들도 꽤 있었다.

그럴수록 지현이 엄마는 아이가 다치면 어쩌나, 나쁜 애들에게 휩쓸리면 어쩌나 온갖 상상의 나래를 펼치며 불안해했다. 아이가 조금이라도 늦는다 싶으면 수시로 전화를 걸어 화를 냈다. 전화를 받지 않으면 받을 때까지 집요하게 통화를 시도했다. 엄마의 간섭이 지나치다고 생각한 지현이는 친구들에게 엄마 험담을 늘어놓기 시작했고, 엄마를 욕했다는 죄책감마저 어느 순간 사라지고, 둘의 사이는 더욱더 악화되었다.

지현이네 또한 엄마의 그늘이 부모 자식 사이에 부정적 영향을 주고 있는 경우다. 지현이 엄마는 제대로 정서적 돌봄을 받지 못하고 방치되었다는 어린 시절의 그늘을 가지고 있다. 미처 충족되지 못한 의존 욕구를 엄마는 지현이로부터 채워왔고, 아이가 성장하면서 분리되려 하자 유기 불안과 분노에 휩싸여 반복적으로 화풀이를 하게 되었다. 지현이는 여전히 엄마를 좋아하고 잘 지내고 싶은 마음이 있었지만, 너무 집착하는 엄마에게 질려 점점 더 거리를 두게 되었다. 그런데 이것이 엄마를 더 불안하게 하는 악순환을 반복하고 있었다. 이 악순환에서 벗어나려면 지현이 엄마가 먼저 자신의 마음속 그늘을 인식하고 변화해야 한다.

이 두 경우 외에도 부모가 어린 시절 겪은 그늘진 경험 때문에 아이와의 관계가 틀어지는 사례는 무수히 많다. 어릴 때 친구들과 실컷 놀면서 딴짓에만 골몰한 것을 후회하는 부모는 열등감을 보상받기 위해 아이에게 공부를 심하게 강요하기도 한다. 왕따가 되어 고통받았던 부모는 아이가 일상적인 다툼에 가볍게 휘말리기만 해도 과잉 반응을 보이며 아이의 학교 적응을 외려 방해하는 경우도 많다. 불의의 사고를 당했던 부모는 아이에게도 그런 불상사가 생길까 두려워 일거수일투족을 완전히 통제하려 한다.

"그럼 어렸을 때 힘든 일을 겪은 사람은 아이를 제대로 못 키운다는 뜻인가요?"라는 의문이 생길 수 있다. 물론 결단코, 절대로, 그렇지 않다. 정도 차이가 있을 뿐 마음 한구석에 그늘 한 조각 없이 양지로 가득하기만 한 사람이 어디 있겠는가. 살면서 힘든 일을 겪은 것도 가슴 아픈데 그것이 아이와의 관계에 좋지 않게 작용하면 너무나 억울하기에, 그래서 더욱 조심하자는 의미로 풀어놓는 이야기다.

고백하자면, 내 마음의 그늘 중 하나는 눈에 띄게 작은 키였다. 그래서 성인이 되어 하이힐을 신을 수 있게 되었을 때 얼마나 기뻤는지 모른다. 중년이 된 지금도 굽 높은 신발을 고수할 정도다. 그래서 아이들이 나를 닮아 키가 작으면 어쩌나 엄청나게 불안했다. 다른 건 못해도 괜찮은데 키만은 제발 커달라는 게 나의 소원이었다. 하지만 정작 아이들은 키가 크든 작든 천하태평이었다. 협박 반 걱정 반, 압박하며 성장클리닉에 데려간 적도 있었다. 그런데 아이들은 키가 작아도 상관없다며 치료를 강력히 거부했다.

"엄마, 저는 작아도 괜찮아요. 미국에서는 엄청나게 큰 사람과 엄청나게 작은 사람이 섞여서 잘만 살던데요. 키가 작아도 별문제 없이 말이에요." 이런 아이들의 논리적인 주장에 나는 결국 백기를 들었다. 신기한 것은 포기하고 나니 마음이 편해져서 나 또한 가끔은 굽 낮은 신발을 신게도 되었다. 우습게도 정신과 의사인 나의 콤플렉스를 아이들이 치료해준 셈이다.

그러니 당신의 어린 시절 그늘이 아이와의 관계를 방해하고 있다면, 용기 내어 그 그늘에서 벗어나보길 추천한다. 풋과일이 비바람을 견디며 맛있게 익듯이, 어린 시절 힘들었던 경험을 부모 역할 속에서 잘 해소해본다면 분명히 더 나은 단계로 성숙해가리라 믿는다.

>>>>>>>>>>

1 친구 같은 부모가 된다는 것은 환상에 가깝고 오히려 부모
자녀 관계를 역기능적으로 만들 수 있다. 부모다운 부모의
자리를 잘 지키는 게 진정 아이를 위하는 길이다.

2 아이에 대한 애정과 통제에 따라 부모의 양육 태도를 독재
형, 권위형, 허용형, 방임형 네 가지로 나눌 수 있다. 적절
한 애정과 통제를 동시에 가지는 것이 권위형, 부모다운 부
모다.

3 아이와 하나이고 싶다는 공생의 열망을 버리고 분리를 준
비하자.

4 유난히 아이에게 집착하는 것 같다면 자신의 어린 시절 그
늘 때문인지 살펴볼 필요가 있다. 그 그늘을 잘 해소하면
아이와 더 나은 관계로 나아갈 수 있다.

<<<<<<<<<

3장

아이가 대든다고요?
기뻐하세요

지금의 아이를 있는 그대로 마주하고 부모로서 자기 자신을 잘 들여다보는 것은 건물로 따지면 기초공사라고 볼 수 있다. 도면을 그리고 기초를 튼튼히 하는 과정은 너무도 중요하다. 그리고, 그것은 끝이 아니라 시작이다.

이번 장부터는 보다 본격적인 작업이 시작된다. 잘 그려진 도면을 따라 견고하게 닦인 기초 위에 벽을 세우고 하나하나 채워나가는 과정. 이제부터가 실전이라고 생각하면 된다.

그중에서도 대부분의 부모가 골머리를 앓는 문제, 대드는 아이에게 대처하는 법부터 이야기하고자 한다.

사춘기가 되자마자 기어오르는 아이에게 충격받았다는 말로 하소연을 시작하는 부모들이 많다. 부모를 무시하고 거역하고 심지어 막말까지 내뱉는 모습을 보며 상처받고 분노하고 한없이 무너지는 심정은 겪어보지 않으면 이해하기 어려운 고통이다.

열심히 공부하고 철저히 대비한다고 해결되는 문제인가 하면 그렇지도 않다. 내 주변에 수많은 정신건강 전문가들이 있지만 부모 역할이 쉽다는 사람은 나를 포함해 단 한 명도

보지 못했으니 말이다. 더구나 사춘기 부모 노릇은 말할 것도 없다. 눈을 똑바로 뜨고 대드는 아이 앞에서 의연히 대처할 수 있는 부모의 왕도란, 단언컨대 존재하지 않는다.

그런데 관점을 달리해보면 쉬워지는 것들도 있다. 아이가 대드는 것이 아니라 부모를 상대로 찬반 토론을 연습하는 상황이라고 보면 어떨까? 요즘 학교에서는 청소년 참정권, 게임 규제, 동물 관련법 등 다양한 주제로 찬반 토론 수업을 한다. 토론에서 이기려면 타당한 근거를 제시하고, 반대편 주장의 허점을 공략하며, 자기편 주장을 효과적으로 관철해야 한다. 투박한 말투로 흡사 대드는 것 같지만, 처음 한글을 배울 때 받침이 틀리고 좌우가 바뀐 글자를 썼듯이 사실은 어떻게 말하면 좋을지 연습하는 중이라면? 말도 안 되는 근거를 대며 우기고 있는 듯하지만 자기 나름대로 합당한 근거를 찾으려 노력하는 거라면?

비틀비틀 첫걸음을 뗀 아기에게 아낌없이 손뼉을 쳐주었던 것처럼, 사춘기 아이가 서툴게나마 자기주장을 내세우는 모습을 대견하게 봐줘야 하지 않을까? 이번 장에서는 그 이야기를 해보자.

자기주장력의 중요성

"지훈이에게 사춘기가 온 것 같아요. 예전에는 안 그러더니 요즘은 사소한 일에도 대들고 툴툴대고 그러네요." 아들의 변화가 탐탁지 않다는 것을 드러내듯 지훈이 엄마의 표정이 어두웠다. 늘 웃으면서 진료실에 들어오던 그녀였는데 말이다.

지훈이를 처음 만난 건 초등학교 2학년 때였다. 그 당시 지훈이는 학습지만 펼치면 몸을 배배 꼬며 도무지 집중하지 못했다. 부모가 달래도 보고 화도 내봤지만 관계만 나빠질 뿐 개선이 없었다. 병원을 방문했을 때는 엄마도 아이도 화병 직전 상태였다. 검사 후 주의력결핍과잉행동장애

Attention-Deficit/Hyperactivity Disorder, ADHD 진단을 받고 치료를 받으면서 지훈이의 여러 행동 문제가 나아지기 시작했고, 부모도 지훈이를 잘 이해하고 지지해주며 관계가 급속도로 회복되었다. 기질적으로 쾌활하고 호기심이 많은 지훈이는 학교에서 공부 잘하고 리더십 있는 아이로 인정받아 부모의 어깨를 으쓱하게 해주었다.

초등학교 6학년에 올라가며 이제 슬슬 사춘기가 오겠다 예상했지만 지훈이는 여전히 밝아 보였다. 그런데 아니나 다를까, 겨울방학이 되자 순식간에 지훈이가 달라졌다. 짜증이 늘고 엄마에게 대들기 시작한 것이다.

지훈이 엄마는 초등학교 2학년 때로 되돌아간 것만 같다며 우울해했다. 예전 기억을 잠시 떠올리기만 해도 이렇게 힘든데 앞으로 본격적으로 사춘기가 시작되면 어떻게 견디냐며 불안해했다. 잔뜩 찡그려진 지훈이 엄마의 얼굴을 마주하고서 나는 이렇게 말했다.

"지훈이가 대든다고요? 기뻐하세요. 지훈이와의 관계를 업그레이드할 수 있는 좋은 기회가 온 거예요. 이것만 잘 넘기면 앞으로 아이와 더 좋은 관계로 지낼 수 있을 거예요.

아이가 끓여준 라면도 얻어먹고, 여행 계획도 같이 짜고, 쇼핑도 하면서 재밌게 지내는 관계요."

"네? 선생님, 정말 그렇게 될까요?"

눈을 크게 뜨고 되묻는 지훈이 엄마에게 나는 다시 한번 확실하게 답했다.

"그럼요, 그 대신 대든다 생각 마시고 잘 들어주세요. 아, 우리 지훈이가 정말 많이 컸구나, 어디 네 얘기 한번 들어볼까? 하고 말이에요. 지금은 좀 서툴러도 잘 들어줄수록 아이 생각도 더 자라거든요. 아이를 책임져야 한다는 생각에 여태껏 힘드셨죠? 이제 그 무거운 책임을 본인이 나눠 지겠다고, 조금씩 자신에게 넘겨달라고 아이가 신호를 보내는 시기가 온 거예요."

이건 아부하거나 일시적으로 위로하기 위해 억지로 짜낸 말이 아니었다. 진료실에서 여러 아이의 성장을 지켜보고 사춘기 아이들을 실제로 키워본 워킹맘 주치의인 내 경험과 진심에서 우러나온 말이었다.

모든 아이는 반드시 어느 순간 부모 말에 대꾸하고 대들기 시작한다. 그러나, 그런 상황을 맞닥뜨렸을 때 걱정하고 불쾌해하지 말자. 나무에 새순이 돋고 꽃봉오리가 맺히는 모습을 보고 즐거워하듯이, 아이의 성장을 기대하며 오히려 기뻐하자.

그리고 '대든다'라는 표현부터 바꾸기를 추천한다. '대든다'라는 단어에는 부모를 무시하고 무례하게 군다는 부정적인 뉘앙스가 내포되어 있다. 이 말을 '자기주장을 한다'로 바꿔보자. "우리 애가 대들어요"보다 "우리 애가 자기주장이 늘었어요"가 훨씬 듣기 좋지 않은가. 실제로 아이는 부모를 무시한 것이 아니라 자기 의견을 냈을 뿐이다. "저는 엄마(아빠)와 생각이 달라요", "이런 부분도 제겐 중요하니 고려해주세요"와 같이 말이다.

자기주장을 잘하는 것은 한 개인으로서 살아가는 데 필수적인 능력이다. 그래서 '자기주장assertion'은 심리학적으로 매우 중요하게 다루어지는 개념이다. 문자 그대로 보면 자신의 생각이나 감정, 욕구 등을 표현하는 것을 뜻하지만, 타인을 고려하지 않는 일방적 자기주장은 갈등과 대립을 유발할 수 있으며 근원적 문제해결에도 도움이 되지 않는다. 반면 지나치게 자기주장을 하지 않는 경우 타인에게 이용당하거나 심리적으로 불안, 우울, 무기력, 대인관계 회피 등을 겪을 수 있다.

실제 진료실에서 만나는 청소년들 가운데 집에서는 자기주장이 관철되지 않으면 화를 내고 극단적인 말과 행동을 하면서, 정작 또래 관계에서는 자기주장을 하지 못하는 경우가 많다. 일방적인 주장만 해왔지 건강한 자기주장을 펼치는 방법을 배우지 못했기 때문이다. 이런 아이들은 갈등 상황에서 타인과 원만히 해결할 수 있다는 자신감이 없기 때문에 갈등 상황이 오면 회피하거나 극도로 불안해하는 모습을 보이기도 한다.

그래서 심리학적 개념인 '자기주장'은 타인을 존중하면서 자신의 정당한 의견을 표현하고 주장할 수 있는 '건강한 자기주장'을 가리키는 좁은 의미로 쓰인다. 성인이 되어 사회생활에 잘 적응하려면 대화, 협업, 갈등 조정 같은 상황에서 커뮤니케이션 능력이 가장 중요한데, 건강하게 자기주장을 할 수 있는 힘, 즉 자기주장력이야말로 그 기반이 되어준다. 또한 가족이나 친구와의 관계, 쇼핑, 여행 등 일상생활 영역에서도 늘상 활용하니 커뮤니케이션 능력을 키우는 일이 성적 향상보다 더 중요한 과제일지도 모르겠다. 내 주변만 돌아봐도 커뮤니케이션 능력이 좋았던 사람들이 공부만 잘했던 사람들에 비해 훨씬 더 인정받고 잘나가는 경우를 자주 본다.

더구나 뇌가 어른만큼이나 정교한 수준으로 고도화되어 한층 더 고차원적인 사고와 소통이 가능해지는 청소년기야 말로 커뮤니케이션 능력을 높일 수 있는 절호의 기회다. 그 런데 "웬 불평이 그리 많아? 자꾸 엄마 아빠한테 대들래?" 하고 기분 나빠하고 윽박지르면서 이런 기회를 날려버려서 야 되겠는가.

다시 지훈이 엄마와의 대화로 돌아가보자. "지훈이에게 사춘기가 온 것 같아요. 예전에는 안 그러더니 요즘은 사소 한 일에도 대들고 툴툴대고 그러네요" 하며 속상해하는 지 훈이 엄마에게 당신은 어떤 말을 건넬 것인가? 이 책을 잘 따라오고 있는 부모라면 아마도 "지훈이가 대든다고요? 기 뻐하세요"라는 말이 저절로 나오리라 믿는다.

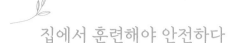

집에서 훈련해야 안전하다

"아이, 그렇게 세게 밟으면 어떻게 해요? 도로에서 그렇게 하면 큰일 난다고요!"

"어휴, 제발 앞 좀 봐요, 앞 좀 봐!"

운전면허 연습장에서의 첫날이었다. 한 시간 내내 운전 강사에게 야단을 맞고 돌아온 뒤 얼마나 힘들었는지 며칠 동안 두들겨 맞은 듯 온몸이 아팠던 기억이 또렷하다. 원래 운동신경이 없는 데다 겁까지 먹어 트랙을 벗어나고 펜스를 들이받고 정신이 없었다. 수동기어도 힘들고 S 자며 Z 자에 주차까지⋯. 멀고도 험난한 여정이었는데 그때마다 이게 실제 도로가 아니라는 것에 얼마나 감사했는지 모른다. 그래도 계속 노력한 끝에 결국 주행시험까지 합격하고선 얼마나 기뻤는지! 지금도 나는 전문의 자격증보다 운전면허증이 더 자랑스럽다. 초보 시절을 잘 통과한 지금은 제법 깔끔한 주행과 주차 실력을 갖춘 노련한 운전자가 되었다.

운전처럼 자기주장도 연습이 필요한 기술이다. 숙련되기까지 꽤 많은 노력이 필요하지만 일단 익히고 난 후에는 크게 어렵지 않다. 안 하던 자기주장을 하려면 처음에는 입을 떼기조차 어려울 수 있고, 막무가내로 고집을 피울 수 있으며, 상황에 맞지 않는 말을 하거나 심하게 감정적으로 행동할 수 있다. 하지만 반복된 연습을 통해 세련되게 다듬어지고 익숙해진다.

처음엔 모두 서툴다. 유난히 서툴다고 포기할 필요 없다. 좀 더 오래 연습하면 된다.

그런데, 연습에는 장소가 중요하다. 원래 연습이라는 것이 실수하고 넘어지고 다치고 다시 일어서는 과정을 반복적으로 겪는 과정이니 무엇보다 안전한 곳이어야 한다. 아무리 들이받아도 다치지 않도록 가드가 잘 설치되어 있는 운전면허 연습장처럼 말이다.

가정은 아이의 자기주장을 연습할 수 있는 가장 안전한

장소여야 한다. 나를 사랑하고 잘 알고 있다고 생각하는 부모와 일상생활 속에서 훈련해야 안전하다. 집에서 제대로 연습하지 못한 상태에서 학교에서 자기주장을 펼치려 하면 마치 초보 운전자처럼 여러 어려움에 무방비로 노출될 수 있다. 실제로 왕따, 학교폭력, 행동 문제, 등교 거부, 대인 기피 등의 어려움으로 내원하는 아이들 중에는 집 안에서 연습이 부족했던 경우가 많다.

그럼 연습 부족은 누구 때문일까? 물론 아이가 소극적이고 불안이 높아서일 수도 있다. 하지만 대부분은 부모가 아이의 자기주장을 허용하지 않아서 이런 문제가 발생한다. 그런데도 부모 자신은 인지하지 못하고 아이 탓, 남 탓만 하는 경우가 빈번하다.

"우리 애 때문에 학교 선생님이 너무 힘들다고 하시는데 저는 이해가 안 돼요. 집에서는 말을 잘 듣거든요. 그런데 학교에서는 선생님 말도 안 듣고 애들도 때린대요. 왜 그러냐고 물어봤더니 선생님은 엄마보다 무섭지 않아서 괜찮다고 했다나요. 참, 선생님이 아이를 다루는 기술이 너무 없으신 것 아닌가요."

"우리 애는 완전 숙맥이에요. 자기가 하고 싶은 게 있어도 애들한테 얘기 안 하고 있다가 집에 와서 울어요. 이러다 왕따라도 당하면 어쩌나 답답해 죽겠어요."

언뜻 보면 아이 문제 같지만 실제로는 가정 분위기가 문제인 경우들이다. 부모가 아이의 말을 무시하고 너무 엄하게 굴면 아이는 위축되어 자기주장을 제대로 할 수가 없다. 그러면 행동 조절 문제가 밖에서 드러날 수밖에 없다.

아이의 이야기를 잘 들어주며 자기주장 훈련이 원활하게 이루어지는 가정이라도 사춘기가 되면 상황이 변할 수 있다. 사춘기 아이들은 자기주장의 세기가 강해지고 범위가 넓어지기 때문이다. 부모가 사주는 옷을 잘만 받아 입던 아이들이 언젠가부터 본인이 선호하는 브랜드와 스타일이 아니면 거들떠보지도 않는다. 학원도, 휴대폰도 부모의 주머니 사정은 안중에도 없이 본인이 원하는 것만 고집한다. 심지어 부모의 권한인 가구 배치, 식단, 주말 일정, 이사 계획까지 하나하나 딴지를 걸며 선호를 명확하게 표시한다. 아이의 사고능력이 그만큼 발달했다는 증거이니 기뻐할 일일 수도 있지만, 대부분의 부모에게는 당황스러운 일이기에

"네가 뭘 안다고 그래?" 하며 방어적 행동을 취해 갈등을 키운다.

그럼 어떻게 해야 할까? 무시하고 억압적으로 굴면 아이가 자기주장에 죄책감을 느끼고 갈등을 회피하는 방식으로 대인관계를 맺을 수 있다. 반면 아이의 말에 너무 끌려가고 허용하면 아이가 자신의 말이 받아들여지지 않는 상황에 분노하고 타협 못 하는 사람이 될 수 있다.

그러니 좀 어렵더라도 이 말로 대응을 시작해보자. "그래? 어디, 네가 어떻게 생각하는지 좀 더 들어볼까?" 그러고 나서 아이가 늘어놓는 자기주장을 충분히 들은 다음, "그래, 네 생각은 ○○라는 거지? 알겠어. 엄마 아빠 생각은 △△인 것 같은데 네 생각도 참고할게"라는 정도로 마무리하자. 처음부터 이렇게 말하기는 쉽지 않기에 적절한 대화 기술이 필요한데, 그에 대해서는 4장에서 자세히 다루겠다.

이와 같이, 효과적인 자기주장은 집에서 충분히 연습해야 안전하며, 집은 좋은 연습장이 되어야 한다. 그런데 문제는 부모도 사실 자기주장이 서툰 경우가 많다는 것이다. 가슴에 손을 얹고 곰곰이 생각해보자. 나는 내 주장을 잘 전달하는 사람인가? 이기고 지는 싸움으로 생각해 타인의 반대에 부딪히면 쉽게 포기하거나 화내는 방식으로 대처하고 있진 않은가?

운전 강사가 운전을 책으로만 배우고 실제로 해본 경험이 없다면 말도 안 될 일이다. 이처럼 가정에서 자기주장 훈련을 시켜야 할 부모가 자기주장을 제대로 펼쳐본 적이 없다면 어떻게 잘 가르칠 수 있겠는가.

물론 당신을 탓하는 건 아니다. 지금의 부모 세대는 수직적 위계질서를 중시하던 시대에 성장기를 보냈다. 그래서 "모난 정이 돌 맞는다"라는 말대로 자기주장을 위험하거나 예의 없거나 이기적인 것으로 여기는 면이 있다. 소통을 시도하기보다는 그냥 참아버리는 상명하복식 권위주의 문화에 익숙하다.

그러나 한편으로는 급속한 경제발전을 겪고 상대적으로 풍요로운 일상을 누리며 적극적으로 자기표현을 시도해온 세대이기도 하다. 수많은 회사 조직에서 수평 문화와 평등한 의사소통이 조금씩 자리 잡아가고 있는 것도 지금의 부모 세대가 탈권위적 인식을 어느 정도 갖추고 있기에 만들어진 결과일 것이다.

그러므로 조금만 노력하면 부모도 건강한 자기주장력을 갖출 수 있다. 부모 스스로 자기주장이 서툴다고 느낀다면 시중에 나온 다양한 자료들을 참고해서라도 건강한 자기주장을 훈련해보기를 권한다. 아이 덕분에 뒤늦게라도 제대로 배울 기회가 생겼으니 얼마나 다행인가. 내 아이에게 가르쳐주기 위한 거라고 생각하면 더욱 힘이 날 것이다.

[과제] 아이와 부모의 자기주장 훈련
이런 상황에서 어떻게 대처하면 좋을까?
- -
1. 이번 주말에 부모님 댁을 방문하기로 했다. 월요일에 아이에게 이야기하니 친구들과 중요한 약속이 있어서 자신은 갈 수 없다며 화를 낸다. 어떻게 할 것인가?
2. 아이가 좋아하는 패밀리 레스토랑에 가서 점심을 먹기로 하고 출발한 당신, 막상 도착해보니 한 시간을 기다려야 한다. 두 시간 뒤에 다른 중요한 일정이 있으니 다른 식당으로 가자고 했으나 아이가 완강히 반대한다. 어떻게 할 것인가?

부모를 이겨야 어른이 된다

자기주장에 귀 기울이라는 이야기를 하면 아이가 쏟아내는 요구를 잘 받아주기만 하면 된다고 지레짐작하는 부모들이 많다. 하지만 운전 연습을 할 때 항상 강사가 동승해 적절한 가르침을 줘야 하듯, 부모도 아이의 자기주장에 적절한 피드백을 전달해야 한다.

그런데 피드백을 주라고 하면 아이를 가르치려 들면서 무작정 기를 죽여놓는 부모들이 있다. 절대 그래서는 안 된다. 가르침의 필수 전제 조건은 코치와의 상호 신뢰 형성이다. 그리고 피드백의 마무리는 반드시 긍정적이어야 효과가 있다.

"그렇게 운전해서 어떻게 하려고 그래요?" 쉴 새 없이 부정적 피드백을 날리던 나의 첫 운전 강사는 실력은 있었을지 모르겠지만 동기 강화 능력은 전혀 없었다. 나는 하마터면 차를 박차고 나가 학원을 그만둘 뻔했다. 나는 강사에게 당신은 부정적 피드백을 너무 많이 주며 기를 꺾어놔서 같이하고 싶지 않다고 말했고, 학원에 강사 교체를 요구했다.

새로운 강사는 오토바이 라이더인 쾌활한 아저씨였다. 그는 긴장한 나를 위해 가벼운 농담을 던지며 분위기를 풀어주고 "어깨 힘을 풀고 10시와 2시 방향으로 핸들을 잡고 편안하게 운전하세요"와 같이 구체적 팁을 주며 계속 격려했다. 펜스를 들이받아도 웃으면서 살살 하라고 부드럽게 넘겨준 강사 덕분에 나머지 실습을 잘 끝마치고 자랑스러운 운전면허증을 손에 쥘 수 있었다. 도로에서 운전할 때 어깨에 힘을 빼고 크게 스트레스받지 않는 게 다 그때 교육을 잘 받은 덕분인 것 같아 고마울 따름이다.

아이들을 키우면서 힘든 순간에도 나는 종종 두 강사를 떠올리며 마음을 다잡았다. 끊임없이 부정적인 피드백을 날리며 기를 죽이던 첫 번째 강사는 정말 최악이었다. 반면 똑

같은 상황에서도 두 번째 강사는 쾌활함으로 내 기를 살려주었다. 누가 봐도 100퍼센트 내가 실수하고 잘못한 상황에서도 무안을 주지 않고 웃으면서 넘겼을 뿐 아니라 조금이라도 잘하면 칭찬을 아끼지 않았다. 나중에는 내가 정말 운전을 잘하는 줄 착각할 정도였다.

그래서 나도 두 번째 강사처럼 아이들을 대하겠다고 늘 다짐했지만, 마음처럼 쉽지 않았다. 아이의 서툰 모습에 불안해하고 목소리를 높이고 화를 냈다. 하지만 첫 번째 강사처럼 되기는 정말 싫었기에 항상 노력은 했다. 그 덕분에 지금 사춘기를 넘어선 아이들과 그래도 긍정적인 관계를 잘 유지하고 있다.

사춘기 아이는 어차피 자기주장에 서툰 초보다. 미숙하게 던진 말에 너무 무안 주거나 기죽이지 말자. 오히려 기를 살려주자. 잘한 것은 잘했다고 하자. 아이의 기가 살아야 비로소 조언하고 바로잡아줄 수 있다.

"오, 그런 부분이 있었구나? 얘기해줘서 고마워. 너 아니었으면 몰랐을 뻔했네."

"그래? 네 생각을 듣고 보니 내 생각도 좀 달라졌다. 그래도 이건 중요한 문제니까 좀 더 생각해보고 말해줄게. 고마워."

"우리 ○○가 생각이 많이 깊어졌구나. 우와, 이번에 ○○를 다시 봤어!"

당신이 이 말을 듣는 아이라면 어떨 것 같은가? 듣기만 해도 기분이 좋아지지 않는가? 당신에게 계속 배우고 싶지 않겠는가?

아이의 기를 죽이지 말아야 하는 근본적인 이유가 있다. 바로 아이가 부모를 '해고'할 수 있기 때문이다. 내가 첫 번째 강사를 해고했듯이 말이다.

해고라는 말을 하면 대부분의 부모들은 당황한다. 감히 천륜을 어떻게 끊냐고? 말이 안 된다고? 해도 해도 너무한 거 아니냐고? 하지만 진료실에서 심심치 않게 이런 상황을 본다. 아이들도 처음에는 부모에게 맞추려 노력하지만 부모의 눈높이가 지나치게 높으면 어쩔 수 없다. 자신과 소통하지 않으면서 기죽이고 힘들게 하는 부모에게 상처받은 아이는 어느 순간부터 더 이상 부모의 말에 귀 기울이지 않는다. 부모의 위치에서 해고하는 것이다.

해고된 부모는 아무리 애써도 아이에게 어떤 영향도 줄

수 없다. 아이는 부모에게 건성으로 답하고 무시하고 제멋대로 행동한다. 집착도 억울함도 없으니 표면적으로는 오히려 갈등이 줄어들고 평온한 것처럼 보이기도 한다. 하지만 부모를 해고하고서 힘든 세상을 혼자 헤쳐나가야 하는 어린 자녀가 행복할 리 있겠는가. "기대하는 것 없어요. 집이랑 먹을 것 주시는 것만도 충분히 고맙죠. 하지만 더 가까워지고 싶지는 않아요. 그냥 날 신경 쓰지도 말고, 안 다가오면 좋겠어요." 하지만 담담히 털어놓는 아이의 눈빛에서 공허함을 감추기란 쉽지 않다.

그러니 제발 아이의 자기주장을 무시하지 말고 기 좀 살려주자. 아이는 결국 부모를 이기게 되어 있다. 실수투성이라도 그렇게 어른이 되어간다. 부모 자식 간에도 지나친 간섭은 월권행위다. 당신과 부모의 관계를 떠올려보면 쉽게 납득될 것이다. 성인이 된 지금, 주택 구입이나 금전 관리 계획에 대해 당신의 부모님이 조언하면 귀담아듣고 따를 의향이 있는가? 아마 없을 것이다. 당신 인생의 주인은 다름 아닌 당신이기 때문이다. 마찬가지로 아직 어린 사춘기 아이들도 자신의 인생에서는 자기가 주인이다. 그리고 아이는 부모를 이겨야 비로소 책임감 있는 어른이 되는 법이다.

아이들에게 잘 져주자. 잘 져주고 잘 격려하자. 부모의 기술을 잘 전수받아 자신 있게 살도록 성장시켜주자. 그러고 나서 멋있게 물러나자. 이것이 바로 사춘기 부모가 해야 할 일이다.

>>>>>>>>>>>

1 '대든다'라는 말을 '자기주장을 하다'로 바꾸자. 자기주장
  력은 커뮤니케이션 능력의 기반이 되며 청소년기야말로 이
  능력을 기를 수 있는 절호의 기회다.

2 효과적인 자기주장은 집에서 충분히 연습해야 안전하며,
  집은 좋은 연습장이 되어야 한다.

3 가르치기 위해서는 부모부터 먼저 건강한 자기주장을 훈련
  해야 한다.

4 아이의 자기주장을 무시하지 말고 오히려 기를 살려주자.
  아이는 결국 부모를 이기게 되어 있다.

<<<<<<<<<<

4장

대화에도
기술이 필요하다

"○○야, 장난감 정리해야지?" "네~"

"○○야, 숙제해야지?" "네~"

"○○야, 학원 가야지?" "네~"

부모의 말에 네네 답하는 아이가 너무 귀여워 일부러 이것저것 말을 걸고 시켜보던 때가 있었다. 부모 말이라면 뭐든 잘 따르고 듣던 어린 시절이 가끔은 정말 그립다.

그런데 아이가 사춘기에 접어들자 똑같은 질문에 대답이 달라졌다.

"○○야, 정리해야지?" "나중에 할게요."

"○○야, 숙제해야지?" "내가 알아서 한다니까요?"

"○○야, 학원 가야지?" "아직 시간 안 됐으니까 재촉하지 마세요."

이런 말을 들으면 기운이 빠지고 화가 난다. "알아서 딱딱 해놓는 것도 아니고, 내가 말 안 하면 학원 차도 놓칠 텐데 도대체 어쩌란 말이냐" 하는 말이 목까지 차오르지만 그대로 뱉어봤자 본전도 못 찾는 상황이니 가슴만 답답해진다.

사춘기 아이는 자신을 하나의 개체로 인정해달라는 메시지를 온몸으로 보낸다. 어릴 때 재밌게 보던 텔레비전 프로그램도 시시해하고 부모 말에 일일이 토를 단다. 어릴 때처럼 단순한 지시와 충고만으론 소통이 전혀 되지 않는다. 아이들이 자라는 만큼 커뮤니케이션도 한층 복잡해지는 게 당연하다. 영유아에게나 쓰는 대화 기술을 사춘기 아이에게 계속 사용하면 아이는 무시당한다고 생각하고 부모에게서 점점 멀어진다. 그러니 부모가 아이에게 맞춰가야 한다.

지금부터는 사춘기 아이와 실제로 소통하는 노하우에 대해 이야기하려 한다. 다행히 요즘에는 소통에 관심이 많고 이 것저것 열심히 찾아보는 부모들이 많기에 이 책에서는 부모가 꼭 알아야 할 대화법을 핵심 위주로 소개하겠다. 일상에서 내 아이에게 적용하려면 어떻게 해야 할지 고민하며 가벼운 마음으로 읽어보길 추천한다.

마음을 여는 비법, PACE

"아이의 마음을 도통 모르겠어요. 자기 속 얘기를 잘 안하고, 민감한 얘기를 꺼내면 싸우게 돼요."

진료실에서 자주 듣는 이야기다. 엄마는 자기 배로 낳은 아이인데 전혀 속을 알 수 없다며 답답하다 못해 화병에 걸리고, 자책하며 가슴앓이를 한다. 그런데 막상 아이는 무심한 표정인 경우가 많다.

"엄마요? 얘기해봤자예요. 맨날 자기 얘기만 하고, 내 얘긴 하나도 안 들어줘요."

아이가 보기엔 엄마가 문제다. 여러 번 대화를 시도해봤지만(어렸을 때부터 지속적으로 이루어졌기에 엄마는 자각하지 못하는 경우가 부지기수다) 엄마의 실망스러운 반응에 좌절한 아이가 의도적으로 입을 다문 것이다. 대놓고 말을 꺼내봤자 관계만 나빠지고 얻는 것은 하나도 없다고 경험적으로 확신하는 아이는 부모를 자신의 삶에서 소외시킨다. 그리고 아직은 부모에게 받을 것이 많으니 그냥 참고 산다는 식으로 수동적 반항 행동을 보인다.

아이의 이런 행동 때문에 부모는 무력감을 느끼고 화가 나지만, 서로 대화가 없으니 제대로 된 부모 역할은 꿈도 꾸기 힘들다. 장기로 치면 차車 떼이고 포包 떼인 격이다.

그러나 아이들은 여전히 어리다. 진로, 친구 관계, 정서적인 면에서 부모가 필요하다. 그래서 부모를 소외시킨 아이들은 지나치게 밀착된 또래 관계, 인터넷, 게임 등에서 위안을 얻으려 한다. 그러다 제 나이에 맞는 발달과업을 달성하지 못해 성인이 되어 어려움을 겪는 경우도 상당히 많아 안타깝다.

그렇다면 거부하는 아이에게 부모는 대체 어떻게 다가가야 할까?

도움이 되는 여러 기법이 있겠지만 여기서는 PACE라는 개념을 소개하려 한다. 이는 가족치료에서 치료자가 가져야 하는 태도로 강조되어온 기법인데, 아이들 상담에도 참 유용하다. 만약 부모들도 이것을 제대로 할 수만 있다면 아이와의 관계에 큰 도움을 받을 것으로 확신한다.

PACE는 유쾌함playfulness, 수용acceptance, 호기심curiosity, 공감empathy의 첫 알파벳에서 따온 조어다. 너무 심각하지 않고 덜 부담스럽게, 유쾌하고 가벼운 태도로 아이를 대하면서 아이의 생각을 있는 그대로 받아들이고 인정하는 태도, 이것저것 궁금한 것들을 질문하며 아이와 대화를 이어가고 아이의 입장에 공감해주는 자세를 가리킨다. 언뜻 생각하면 그리 어려워 보이지 않지만 실제로 실행해보면 만만치 않은 목표다.

"그렇게 받아만 주면 자기 하고 싶은 대로만 할 텐데요? 공부도 안 하고 맨날 게임만 하고 놀기만 하면 그 뒷감당은 누가 하나요?" 당연히 이런 걱정이 들 수 있다. 하지만 엄하게 호통치며 통제한다고 아이가 나아질까?

이미 아이들은 부모 몰래 하고 싶은 대로 하고 있다. 게다가 나이가 들면 들수록 점점 부모의 영향력에서 벗어난다. 내버려 두면 아이 인생이 망하리란 생각도 지나친 확대 해석의 결과다. 실제로 얘기해보면 아이들은 자기 인생에 대해 충분히 열심히 생각하고 있다. 다만 그 고민을 부모와 나누고 싶지 않아 혼자서만 간직하거나 친구들끼리 머리를 맞대고 어설프게 해결하려 할 뿐이다.

아이를 누구보다 사랑하는 존재, 그리고 아이보다 먼저 인생을 살고 있는 선배인 부모가 도와줄 수 있도록 아이 마음의 문을 활짝 여는 일. 그것이 가장 중요하다. PACE의 태도를 익히면 아이는 부모를 믿게 되고, 그 후에 부모가 건네는 조언은 아이를 성장시키는 좋은 자양분이 되어줄 것이다. 물론, 아이가 내리는 결정은 온전히 아이의 몫임을 인정하는 것도 잊지 말자.

제발 심각해지지 말자. 유쾌하게 사는 부모를 보며 아이도 유쾌함을 닮아갈 것이다. 수용하는 부모를 보며 아이도 부모와의 의견 차이를 수용할 것이다. 호기심을 품고 서로 이야기할 때 진정한 이해와 깊은 성찰이 이루어질 것이다. 공감해주는 부모와 상호 작용한 아이는 공감 능력을 통해 사회의 좋은 구성원으로 자랄 것이다.

그러니 지나친 걱정은 던져두고, 오늘부터라도 PACE의 태도로 내 아이와 소통해보자.

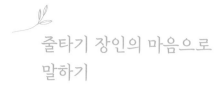

줄타기 장인의 마음으로
말하기

대화에는 기술이 필요하다. 특히 자신의 기질이 뚜렷해지는 청소년기에 들어선 자녀와 대화하려면 더더욱 정교한 기술과 조절 능력이 필요하다. 그런데 필요성을 인지하고 절감하면서도 잘 안 되는 이유는 뭘까? 사랑이 부족해서가 아니다. 대화가 매일의 일상 속에서 이루어지다 보니 피곤하고 힘든 상태에서 평소 습관대로 말이 툭툭 나와버리기 때문이다.

하지만 그건 부모 사정일 뿐. 아이는 그런 사정을 봐주지 않는다. 그러다 보니 부모 입장에서는 별것 아닌 말인데 아이가 과잉 반응한다고 느낄 때가 많다.

상황 A

일이 빨리 끝나 한 시간 일찍 퇴근한 당신. 집 근처 편의점 앞에서 친구들과 웃으며 얘기하고 있는 아이를 발견했다. 반가우면서도 한편으로 학원 갈 시간을 놓칠까 걱정된 당신은 아이를 부른다.

"수현아, 여기서 뭐 해? 학원 갈 시간 아니야?"

그 순간 아이의 얼굴이 종잇장처럼 구겨진다. 앗, 이게 아닌데…. 뭘 잘못한 걸까.

상황 B

요즘 들어 수행평가 과제가 많다며 자꾸 늦게 잠드는 아이. 얼굴도 영 꺼칠하고 밥도 잘 안 먹는 것 같고 걱정이 된다. 그런데 오늘도 밤 12시가 되도록 또 뭘 하는지 잠을 안 잔다. 참다못해 아이에게 소리친다.

"아직도 안 자고 뭐 해? 그냥 대충 하고 자. 그거 잘한다고 뭐 달라져? 며칠째 제대로 못 자니까 얼굴이 그 모양이잖아. 그러게 미리미리 해놓지 왜 맨날 미루다가 마지막에 이래?"

아이가 화난 표정으로 문을 쾅 닫는다. 안에서 갑자기 훌쩍이는 소리가 들린다. 앗, 이게 아닌데…. 뭘 잘못한 걸까.

사춘기 부모라면 누구나 한 번쯤 겪어본 에피소드일 것이다. 사춘기 아이와 대화할 때 부모가 가장 어렵게 느끼는 점이 뭘까? 아이가 사소한 일에도 예민하게 군다는 것이다. 사춘기 특성상 거절에 대한 두려움, 자기과시욕, 정체성 혼란 등이 섞여 있는 가운데 상대가 자신을 무시하거나 부정적으로 본다 싶으면 굉장히 상처를 잘 받는다.

저울로 따지면 사춘기 아이들은 푸줏간에서 고기를 재는 대형 저울이 아니라 실험실에서 시료를 계량하는 마이크로 저울이다. 석사 때 화학공학을 전공한 나는 실험 때마다 시료를 계량했는데, 양을 정확히 재는 것은 기본이면서도 매우 중요한 기술이었다. 얇은 종이를 마이크로 저울에 올리고 영점을 조정한 후에 작은 주걱으로 시료를 떠서 조심조심 떨어뜨려야 하는데, 생각보다 쉽지 않아 그 순간에는 숨도 최대한 참고 오로지 손동작에만 집중해야 한다. 아주 작은 오차에도 결과가 크게 달라질 수 있는, 일반 계량과는 비교할 수도 없이 섬세한 작업이다.

지금은 더 이상 시료 계량을 하지 않지만 정신과 의사로서 하는 작업이 시료 계량과 비슷하다는 생각을 자주 한다. 시료를 조심스럽게 떨어뜨리듯 말 한마디 한마디를 언제 어떻게 놓아야 할지, 어떤 단어를 선택하고, 어떤 강도로, 어떤 톤으로 해야 할지 늘 신경 써야 한다. 그런 섬세함 없이는 상처받고 예민해진 사람들의 마음을 안정시키고 안심시키고 변화시킬 수 없기 때문이다.

사춘기 부모에게도 그런 섬세함이 필요하다. 그런데 염두에 둬야 할 것이 있다. 그런 섬세함을 대놓고 드러내면 자칫 아이가 불안해할 수 있으니 겉으로 여유 있는 척하면서 속으로 섬세하게 신경 써야 한다. 그게 뭔지 잘 모르겠다고? 그럼 '줄타기 장인'을 한번 상상해보자.

손에 부채 하나만 든 채 공중에 놓인 외줄 위를 걸어가는 줄타기 장인. 줄타기 장인의 공연을 본 사람이라면 누구나 그 스릴을 기억할 것이다. 평범한 사람은 서 있기도 어려운 줄 위에서 자유롭게 앉았다 일어나기는 기본이고 뛰기도 하고 다리를 쭉 폈다 접었다 하는 모습은 보는 내내 손에 땀을 쥐게 하는, 실로 대단한 묘기다. 정작 장인은 전혀 불안해 보이지 않는다. 즐겁고 유쾌하며 때로는 익살스럽기까지 하다. 그런데 그렇게 의연해 보이는 줄타기 장인도 속으로는 엄청나게 조마조마해한다는 인터뷰를 본 적이 있다. 어디를 밟을지, 어떤 강도로 밟을지, 얼마나 오래 밟을지….

삐끗하면 다칠 수도 있으니 말이다.

　물론 줄타기처럼 섬세하라는 이야기가 아이들과 항상 긴장 속에서 대화하라는 의미는 전혀 아니다. 다만 공부, 방 정리, 친구 관계, 옷차림 등 아이가 예민해할 만한 주제로 대화할 때는 주의해야 한다는 것이다. 아무래도 아직은 품 안의 자식이다 보니 부모는 아이가 사춘기에 접어들어도 조심스럽게 말을 거는 데 익숙하지 않다. 하지만 아이의 성장에 따라 부모도 변해야 하는 법. 의식적으로라도 조심스러움을 갖추려고 노력하자. 그러면 아이와의 대화가 한결 화기애애해질 것이다.

　이렇게 말하는 나 또한 실천이 쉽지는 않았는데, 그래도 정신과 의사로서 익혀온 대화 기술 덕을 많이 보았다. 처음부터 잘할 수는 없다. 대화도 기술이니 서툴러도 계속 연습하면 늘게 되어 있다는 것을 잊지 말자.

　연습은 하고 싶은데 막막하다면, 지금 당장 간단한 것 몇 가지부터 시작해보자. 바로 말의 강도, 빈도, 목소리 톤을 조절하는 것이다. 내 경험으로는 일단 그것만 성공해도 큰 도움이 된다.

첫 번째로 강도 조절이란 조명 기구의 다이얼을 돌려 전구 밝기를 조절하듯이, 사용하는 단어나 문장의 강도를 조절하는 것을 의미한다.

강도 조절을 위해서는 어두와 어미를 조절해볼 수 있다. '~해'라는 지시형 어미는 강요하는 느낌을 주어 반감을 일으킬 수 있으니 '~하자', '~해볼래?', '~하지 않을래?', '~하는 건 어때?'처럼 낮은 강도의 어미를 활용하자. 그러면 아이가 존중받는다고 느낀다. 또 문장 앞에 '꼭', '반드시', '절대' 대신 '혹시', '어쩌면' 같은 단어를 붙여 "혹시 ~하지 않을까?", "어쩌면 ~일지도 몰라" 등으로 쓸 수 있다.

공부하라는 말을 하고 싶다면 강도 순으로 나열된 다음 문장들 중에 골라보자. "그만 들어가서 공부해 〉 그만 들어가서 공부하자 〉 그만 들어가서 공부하면 어때? 〉 혹시 그만 들어가서 공부하면 어때?"

물론 낮은 강도라고 다 좋지는 않다. 너무 조심스러우면 외려 거리감만 주고 효과가 없을 수도 있다. 내 아이에게는 어느 정도 강도가 적절할지 생각해보며 활용하길 바란다.

그리고 사용하는 단어의 강도를 조절하는 방법이 있다.

'화난다', '짜증 난다', '열받는다'보다는 '스트레스받는다', '마음이 불편하다', '속상하다'가 더 부드럽게 들린다. 강한 단어를 쓰면 상대를 비난하는 느낌을 줄 수 있다. 반면 부드러운 단어를 쓰면 공감을 불러일으켜 좀 더 수월하게 협조를 이끌어낼 수 있다. "너 왕따야?"보다는 "아이들과 어울리기 힘드니?"나 "친구들과 서먹서먹해 보이네?"처럼 표현해보자. 특히 관계가 좋지 않거나 갈등 상황에서는 약한 강도의 말을 쓰며 더욱 조심해야 한다.

두 번째 방법은 빈도 조절이다. 쉽게 말해 너무 자주 많이 말하지 말라는 것이다. 다 알면서도 잘 안 되는 게 바로 이 빈도 조절이다.

아이만 보면 마음이 급해져 꼭 한마디씩 붙이게 된다는 부모가 많다. 그러나 뭐든 과하면 효과가 떨어지고 도리어 악영향을 줄 수도 있다. 공부하다가 답답하기도 하고 목도 말라서 물 마시러 나왔는데 부모가 공부 안 하냐고 잔소리하면 기분이 좋을 리 없다. 불쾌해진 상태에서 책상 앞에 앉으면 더 집중하기 어려울 것이다. 부정적 정서가 인지에 영향을 준다는 것은 이미 널리 알려진 사실이다.

아이에게 부정적인 말을 아예 안 할 수는 없다. 공부 안 하고 왔다 갔다 하는 아이를 그냥 두고만 볼 수도 없다. 하지만 벌도 벌침을 아껴뒀다 아주 위급할 때만 쓰듯이 말도 아끼고 아꼈다가 정말 필요할 때 제대로 써야 촌철살인이 될 수 있다. 물론, 아이에게 큰 상처를 주는 욕이나 막말은 절대로 단 한 번도 해서는 안 된다.

마지막 방법은 목소리 톤 조절이다. 어깨와 목에 힘을 빼고 이야기하면 같은 말도 더 부드럽게 들린다. 반면 어깨와 목에 힘을 주면 경직되고 권위적으로 들린다.

자신의 목소리 톤이 어떤지 살펴보자. 녹음해도 좋고 주변에 물어봐도 좋다. 톤이 지나치게 높아서 신경질적인 느낌을 준다든지, 건조해서 소통하는 느낌이 부족하다든지, 크고 강하기만 해서 압도하는 느낌이 지나치다든지 하면 아무리 좋은 말을 해도 아이에게 잘 전달되지 않을 수 있다. 전투 구호를 외치는 듯한 톤으로 '아이고 예뻐라' 하고 아무리 외친들 아이가 곱게 들어줄 리 없다.

이럴 때는 목소리 톤부터 조절하자. 어쩌면 가장 쉬운 방법인데 막상 해보면 쉽지 않다. 그래서 평소에 꾸준히 연습해야 한다. '~하지 마' 같은 지시적인 말도 어깨와 목에 힘을 빼고, 아이를 처음 품에 안았을 때의 행복감을 담아 해보면 따뜻하게 들릴 수 있다.

자, 이제 줄타기 장인의 마음으로 상황 A와 B를 다시 한 번 바라보자. 왜 부모의 의도가 아닌 엉뚱한 방향으로 흘러 갔는지, 어떻게 수습할지 생각해보자.

상황 A

일이 빨리 끝나 한 시간 일찍 퇴근한 당신. 집 근처 편의점 앞에서 친구들과 웃으며 얘기하고 있는 아이를 발견했다. 반가우면서도 학원 갈 시간을 놓칠까 걱정된 당신은 아이를 부른다.

"수현아, 여기서 뭐 해? 학원 갈 시간 아니야?"

그 순간 아이의 얼굴이 종잇장처럼 구겨진다. 앗, 이게 아닌데…. 뭘 잘못한 걸까.

당신의 말에 아이 얼굴이 종잇장처럼 구겨진 이유는 뭘까? 당신은 반가워서 한 말이지만 아이의 입장에서는 학원에 왜 안 가는지 추궁하는 것으로 느꼈을 수 있다. 더구나 친구들 앞이니 자존심도 상했을 것이다.

그러면 반가운 마음을 제대로 전달하면서 학원에 가도록 독려도 하려면 어떻게 해야 할까?

"(웃으며 반가운 톤으로) 오, 아빠가 일찍 퇴근했더니 수현이를 여기서 다 만나네? 기분 좋은데? 친구들이랑 잘 놀고 이따 집에서 보자. 그리고 학원 시간 빠듯하면 아빠가 태워줄 수 있으니 필요하면 얘기해." 이런 말을 들으면 아이는 기분이 좋아지고 친구들 앞에서 아빠와의 좋은 관계를 보여줬다는 생각에 어깨가 으쓱해질 것이다.

상황 B

요즘 들어 수행평가 과제가 많다며 자꾸 늦게 잠드는 아이. 얼굴도 영 꺼칠하고 밥도 잘 안 먹는 것 같고 걱정이 된다. 그런데 오늘도 밤 12시가 되도록 또 뭘 하는지 잠을 안 잔다. 참다못해 아이에게 소리친다.

"아직도 안 자고 뭐 해? 그냥 대충 하고 자. 그거 잘한다고 뭐 달라져? 며칠째 제대로 못 자니까 얼굴이 그 모양이잖아. 그러게 미리미리 해놓지 왜 맨날 미루다가 마지막에 이래?"

아이가 화난 표정으로 문을 쾅 닫는다. 안에서 갑자기 훌쩍이는 소리가 들린다. 앗, 이게 아닌데…. 뭘 잘못한 걸까.

부모로서 걱정되어 한 말인데 아이는 왜 문을 쾅 닫고 들어가 운 것일까? 부모의 말을 자세히 들여다보면 아이의 노력을 폄하하고 비난하는 내용으로 가득 차 있기 때문이다. 안 그래도 힘든데 응원이나 도움의 말은커녕 "그거 잘한다고 뭐 달라져?" 하는 말이 비수처럼 가슴에 꽂힌 것이다. 아이는 잘하고 싶은데 부모는 그냥 그만두라고 하니 낙담한 것이다. 마음대로 안 돼서 속상하고 자꾸만 미루게 돼서 절망스러운 상황에 부모가 기름을 끼얹은 셈이다.

"아이고, 벌써 12시가 다 됐는데 아직도 할 게 많이 남았나 보지? 에휴, 무슨 수행평가 과제가 그렇게 많니. 힘들겠다. 잠이 모자라서 건강을 해칠까 걱정되네. 빨리 끝내고 자면 좋겠다. 내가 뭐 도와줄 건 없니?"

어떤가? 좀 더 부드럽게 들리지 않는가? 아이의 편에서 공감해주고 부모로서 우려를 전달하고 조언하는 방식으로 마무리한다. 이는 비폭력 대화Nonviolent Communication, NVC의 방식으로, 잘 익혀두면 매우 유용하다.

성공적 소통으로 이어지는
대화의 알고리즘

'도대체 어떻게 대화를 이어가야 제대로 하는 걸까? 제대로 된 대화법이라는 게 과연 있기나 한가?' 아이들이 사춘기로 접어들면서 부모들은 이런 질문을 수도 없이 하게 된다. 그동안 자연스럽게 사용해왔던 화법들이 다 통하지 않는 경험을 하며 자신감도 잃고 서서히 '멘붕'에 빠지는 것이다.

소통이 어려운 대표적인 사례로 아침 기상 소동을 꼽을 수 있다. 매일 아침 많은 가정에서 부모를 매우 힘들게 하는 그 상황 속으로 같이 들어가보자.

알람 소리를 듣고 아이 방으로 들어선 부모. 아이는 시끄러운 알람 소리에도 일어날 줄 모른다. 부모는 처음에는 부드러운 목소리로 시작한다.

"아침이야. 잘 잤니? 일어나."

"학교 갈 시간이야."

"일어나야지? 맛있는 아침 차려놨으니까 빨리 먹고 학교 가자. 응?"

하지만 이렇게 어르고 달래도 아이는 반응이 없다. 걱정 반, 짜증 반이 된 부모는 올라오는 화를 꾹 눌러 참고, 분위기를 환기하려고 간지럼을 태워본다.

"이래도 안 일어날 거야?"

이런 부모의 노력에도 불구하고 아이는 오히려 이불을 단단히 뒤집어써버리고, 참다못한 부모는 이불을 홱 잡아채며 소리 지른다.

"안 일어나? 학교 안 갈 거야?"

"지각해서 벌점 맞는다고! 그래도 괜찮아?"

그리고 위협도 한다.

"지각하면 휴대폰 압수야!"

한껏 화나서 소리치자 그제야 아이가 짜증을 내며 몸을 일으켜 세운다.

"아, 알았다고! 일어난다고!"

오늘 아침도 이렇게 기상 소동이 끝났다. 아이 깨우느라 하루의 에너지를 다 써버린 부모는 "어휴! 속 터져! 매일 아침 이게 뭐냐!" 하며 답답한 심정이다.

어떤가? 당신의 가정에는 이런 일이 제발 하루도 없기를 바란다. 하루만 이래도 힘들 텐데, 만약 수년 동안 이어진다면 얼마나 힘들까?

그런데 슬프게도 우리나라의 많은 부모가 이런 아침 소동을 매일같이 겪고 있다. 아이를 깨워 학교 보내는 일이 전쟁 같다며, 아침이 안 왔으면 좋겠다고, 그것 때문에 살고 싶지 않다고 호소하는 부모들을 진료실에서도 종종 만난다. "부모가 죄인이죠. 전생의 원수가 아이로 태어난다잖아요. 정말 어떨 때는 날 괴롭히려고 태어났나 하는 생각도 들어요. 지옥 같을 때도 있고요. 내 애라서 놓을 수도 없고…. 이게 언제나 끝날까요?" 이젠 흘릴 눈물도 없다며 하소연하는 부모들의 한없이 쓸쓸한 눈을 보면, 손을 잡고 같이 울고 싶은 마음이 든다.

정말 그렇다. 내가 책임져주고 싶지만 내 말을 도통 듣지 않는 아이. 사랑하는 아이의 그런 모습 앞에서 부모는 한없이 무기력해지고 불안해진다. 그런데, 진짜로 다른 방법은 없는 걸까?

　나도 정신과 의사이자 두 아이의 엄마로서 아침 기상 소동 같은 상황에 실제로 쓸 수 있는 좋은 방법이 없을까 절실히 찾아보고 연습도 했다. 그 결과 열린 대화, 경청, 감정 코칭, 나 메시지I message, 비폭력 대화법 등이 꽤 도움이 되었다. 아이를 움직이는 데도 도움이 됐지만 그렇지 않더라도 적어도 내 마음을 다스리는 데 큰 도움이 되었다.

　하지만 뭔가 늘 답답한 마음은 쉽사리 해소되지 않았다. 상황에 따라 통할 때도 있지만 아닐 때도 있었고, 오히려 지나친 허용이나 방종 같은 반작용을 초래하는 경우도 있었다. 대화법을 쓴다는 것 자체가 갑자기 슬로모션 영상을 트는 순간처럼 어색한 느낌이 들어 실제로 활용하기가 쉽지 않기도 했다. 나도 쓰기 어려운 방법을 진료실에서 부모들에게 가르친다는 게 말도 안 되는 일이었기에, 뾰족한 해결책을 알려주지도 못하면서 위로만 건네는 것이 직무유기인 것 같아 마음 한구석이 항상 찜찜했다.

　"구슬이 서 말이라도 꿰어야 보배다"라는 속담은 바로

이런 때를 두고 하는 말일 것이다. 요즘에 어느 정도 육아에 관심 있는 부모들은 책이나 미디어를 통해 이미 많은 대화 기술을 알고 있다. "육아서 안 읽어본 게 없어요. 그런데 하나도 도움이 안 되네요" 하는 어느 부모의 말처럼, 아는 기술은 많지만 어떻게 실행해야 할지 모르는 게 문제다. 엉뚱하게 쓰면 오히려 독이 될 수도 있다. 화분에 물을 너무 많이 준다고 마냥 좋은 것이 아니듯 공감도 경청도 지나치면 버릇없는 아이를 양산해 부모를 힘들게 하기도 한다.

그렇기에 '구슬 꿰는 법', 즉 대화 기술을 적절히 적용하기 위한 알고리즘이 있다면 얼마나 좋을까 하는 생각을 자주 해왔다. 언제 어떤 기술을 적용할지 도식화해서 미리 정리해두면 효과적인 대처가 가능할 테니 말이다.

이런저런 것들을 살펴보고 오랫동안 고민한 끝에 내가 선택한 방법은 미국의 임상심리학자 토머스 고든Thomas Gordon이 고안한 부모 역할 훈련Parent Effective Training, P.E.T이었다. 미국에서 1960년대에 시작된 이 훌륭한 프로그램은 지금도 매우 유용하고 효과적인 내용을 많이 담고 있다. 진료실에서는 상대적으로 짧은 시간 안에 설명해야 하다 보니 내 나름대로 용어 등을 약간 수정해서 활용하고 있는데, 이 책에서도 수정된 방법을 소개하려 한다. 그러니 실제 P.E.T 와는 차이가 있을 수 있음을 양해해주길 바란다. 더욱 자세한 내용이 궁금할 경우 토머스 고든이 쓴《부모 역할 훈련》을 읽어봐도 좋겠다.

이 문제해결 알고리즘은 현재 아이와 대화하고 싶은 내용에 대해 두 가지 질문을 던져보면서 각 상황에 따라 적용할 적절한 대화 기술을 추천해주도록 되어 있다. 질문은 다음과 같다.

질문 1. (아이의 행동이) 수용할 수 있는 행동인가?
질문 2. 아이가 문제를 느끼는가?

질문 1은 사실상 부모의 마음을 먼저 준비하는 단계라고 볼 수 있다. 아이와 대화하기 전에 부모는 아이의 행동을 수용하고 그냥 넘어갈 수는 없는가에 대한 고민을 진지하게 해야 한다. 일단 수용할 수 있는 데까지는 최대한 수용하려 노력해보는 자세가 필요하다. 그리고 수용할 수 없는 이유도 생각해봐야 한다.

아이가 늦게 일어나는 것 자체를 수용하기 어려운지, 아니면 늦게 일어나는 건 괜찮은데 지각하는 행동을 수용할 수 없는지를 구별해봐야 한다. 생각보다 어려울 수 있는데 '누구에게 속한 일인가?', '누가 책임져야 할 문제인가?', '그 일로 불편을 겪는 것은 누구인가?' 하는 질문을 던져보면 도움이 된다. 전적으로 아이에게 속한 문제라면 수용하는 게 맞다. 사실 아이에게 속한 문제를 부모가 지나치게 책임지려 해서 문제가 어려워지는 경우가 많다. 자신의 행동을 책임지는 것은 자율성 발달과 건강한 자아 성장의 근간이 됨을 기억하자.

절대 수용해서는 안 되는 아이의 행동도 있다. 이를테면 다음과 같은 것들이다. 부모의 생활이나 권리를 침해하는 행동. 타인에게 폭력을 가하는 행동. 남의 물건을 함부로 가져가는 행동. 부당한 요구를 늘어놓는 행동. 이런 행동은 받아줘서는 안 된다.

질문 2는 대화에 임하는 아이의 동기와 자세를 생각해볼 수 있게 해준다. 아이가 문제를 인식하고 있다면 대화에 좀 더 적극적이고 협조적일 수 있겠지만, 아예 인식을 못 하고 있다면 대화를 시작할 때 동기를 가질 수 있게 하는 과정부터 필요하니 말이다.

이와 같은 두 가지 질문으로 구성된 알고리즘을 통해 최종적으로 선택되는 문제해결 기술을 사용하면 된다. 그런데 각 '기술'을 이해해야 하는 어려움이 또 있어서, 여기서는 직관적으로 와닿을 수 있도록 '모드mode'라는 개념을 활용해 수정해보았다. 이 내용에 따라 정리한, 성공적인 소통으

성공적인 소통으로 이어지는 대화의 알고리즘

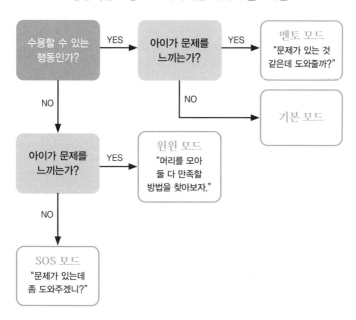

로 이어지는 대화의 알고리즘은 142쪽 도표를 참고하길 바란다.

두 질문에 대한 답에 따라 정해지는 총 네 가지 모드는 다음과 같다.

멘토 모드

아이의 행동이 아이가 책임질 영역에 속하고, 부모 권리를 침해하는 일도 없어 수용할 수 있는데, 아이가 문제를 느끼고 있다면 멘토 모드를 추천한다. 공부하기 싫다, 친구 사이가 안 좋다, 기분이 안 좋다 등이 여기에 속한다. 아이에게 속해 있고 아이가 불편을 겪으며 스스로 해결해야 하는 문제이기 때문에 부모가 나서서 해결해주는 게 아니라 "도와줄까?"라고 묻는 것이다.

이 경우 잘 듣고 공감해주기만 해도 좋아지는 경우가 많다. 물론 구체적 조언과 적극적 개입이 필요할 때도 있는데, 어디까지나 인생의 주인은 아이라는 점을 잊지 말고 내가 옳다고 생각해도 아이가 거절한다면 존중하며 기다려주자. 당시에는 도움을 거절했다가도 나중에 생각이 바뀌는 경우도 허다하다. "그때는 내 말 안 듣더니 이제 와서 도와달라고 하나"하며 섭섭함을 표현하기보다는 흔쾌히 도와주면 다음에 아이는 부모를 멘토로서 더 따르고 많은 일을 상의하게 된다.

기본 모드

신경은 쓰이지만 수용 가능하고, 아이가 문제로 느끼지 않는다면 그냥 일상적 소통을 하면서 지내면 된다. 이때, 앞서 이야기한 PACE의 태도를 유지하는 것이 도움이 된다. 아이의 이야기를 수용하고 경청하며 솔직한 대화를 통해 신뢰와 친밀감을 쌓아두어야 한다.

원원win-win 모드

아이의 행동을 수용할 수 없고 아이 자신도 문제를 느끼고 있다면? 그때는 갈등해결을 목적으로 한 원원 모드로 들어간다. 이때 부모와 자녀의 욕구나 가치관이 충돌하는 경우가 대부분인데, 안 되는 이유를 한두 번 이야기한 후에도 아이가 지속적으로 요구한다면 요구가 아니라 요구의 배경이 되는 욕구를 중심으로 한 갈등 중재법이 도움이 된다.

예를 들어 수백만 원짜리 자전거를 사주지 않으면 학원

도 학교도 가지 않겠다며 고집부리는 아들을 대하는 아버지라면 다음과 같이 대화를 할 수 있다.

"너는 그 자전거를 갖고 싶어 하는데 아빠는 너무 비싼 물건은 사줄 수 없어. 그래도 우리 둘 다 만족할 만한 방법을 찾아보면 좋겠다. 한번 머리를 맞대고 생각해보자. 그 자전거를 꼭 갖고 싶은 이유가 뭐니?"

"애들은 더 비싼 걸 타고 다닌단 말이에요. 저만 똥차예요."

"애들은 비싼 자전거를 타고 다니는데 네 것은 안 좋다는 뜻이니?"

"제 거는 싼 거라서 타도 빨리 안 나가요. 같이 달리면 저만 뒤처져요."

"그래? 네 자전거가 느려서 뒤처진다는 거지?"

"네, 맨날 애들 따라가느라 저만 힘들어요. 근데 200만 원짜리 빌려서 타보니까 엄청 잘 나가더라고요. 비싸서 저도 고민했는데 그래도 사고 싶어요."

"그래? 듣고 보니 빠른 자전거를 사고 싶은 거구나? 그럼 이번 주말에 아빠랑 전문점에 가보자. 지금 갖고 있는 자전거를 빠르게 할 수 있는 방법이 있는지, 아니면 속도가 더 빠르면서 가격이 적당한 게 있는지 보게. 어떠니?"

"네, 좋아요. 저도 200만 원은 너무 비싸다고 생각하긴 했어요. 속도만 빠르면 돼요. 그리고 새 걸 사게 되면 제가 받은 세뱃돈을 보탤게요."

이처럼 "우리 둘 다 만족할 만한 방법을 찾아보면 좋겠다"로 시작해 공감적 경청을 하면서 비싼 자전거를 요구하는 아이의 욕구(빠른 속도로 달리고 싶다)를 파악한 뒤 그걸 중심으로 중재안을 제안하는 것이 이 방법의 핵심이다. 물론 이 예처럼 바로 중재안이 나오지는 않을 수 있지만 그럴 경우에도 계속 여러 중재안을 내며 아이와 협상을 해나가면 서로 관계도 상하지 않으면서 잘 마무리할 수 있다. 이때 '나 메시지'나 비폭력 대화법 등의 기술을 함께 활용하면 좋다. 비폭력 대화는 뒤에서 좀 더 상세히 다루겠다.

SOS 모드

아이의 행동을 부모는 수용할 수 없는데 아이는 문제라고 느끼지 않는다면? SOS 모드를 사용한다.

예를 들어 집을 너무 어질러놓는 경우, 음악을 크게 틀어서 부모가 방해받는 경우 등이 해당한다. 아이 스스로는 자각하지 못하기 때문에 "문제가 생겼는데 좀 도와줄래?"라는 태도로 시작하는 편이 좋다. 비아냥거리거나 비난조로 이야기하기보다 부모 자신이 힘든 부분을 솔직히 이야기하는 '나 메시지'로 전달하면 도움이 된다. "집이 너무 더러운데 언제 치우나 하는 생각이 들어 내가 참 속상하네"라는 식이다. 그러면 "아, 죄송해요. 빨리 치울게요. 좀 쉬고 계세요" 하는 반응이 비교적 쉽게 나온다. 하지만 "집 안 꼴이 이게 뭐냐! 이 집에는 어지르는 사람만 있고 치우는 사람은 나밖에 없지!" 하는 식의 화풀이는 반항심을 일으키기 일쑤인 데다 해결에 도움이 안 된다.

그럼 이 문제해결 알고리즘에 아침 기상 소동을 대입해보자. 알람이 울리는데 일어나지 않는 아이의 행동에 대해 질문 1, 2에 답해보며 알고리즘을 따라가면 된다.

질문 1 '아이의 행동을 수용할 수 있는가?'부터 답해보자. 알람이 울리는 시간에 안 일어나도 괜찮은가? 일어나는 것은 누가 해야 하는 일인가? 누구에게 속한 문제인가? 알람 울리는 시간에 일어나고 말고는 아이의 몫이다. 책임도 아이가 져야 한다. 그 책임을 다하지 않으면 아이는 학교에서 벌점을 받거나 주변에서 안 좋은 시선을 받을 것이다. 그 일로 불편을 겪는 것은 당연히 아이다. 그러니 알람이 울리는 시간에 일어나야 하는 것은 아이에게 속한 문제지 부모의 문제가 아니다.

질문 2 '아이가 문제를 느끼는가?'를 살펴보자. 아이가 알람을 맞춰놓은 시간에 못 일어나는데도 스스로 문제라고 느끼지 않는다면? 알고리즘을 따라가보면, **기본 모드**로 부모가 특별히 더 해줄 것이 없다. 물론 늦잠을 잤을 때 일어날 일을 알려줄 수는 있다. 한두 번 억지로 깨워줄 수도 있다. 그렇지만 그건 부모의 선택일 뿐 결국 책임은 아이가 져야 한다.

그런데 아이가 문제라고 느낀다면? 알고리즘을 따라가보면, **멘토 모드**가 된다. "자꾸 못 일어나는 것 같은데 도와줄까?"라고 물어볼 수 있다. 물론 스스로 할 수 있는 방법들을 고민해줘야지 일어나게 만들어줄 수는 없다. 하기 힘든 일을 부모가 대신 해주겠다고 할 수도 없다.

그런데 질문 1에서 '수용 가능하지 않다'라고 답하는 상황이 있을 수도 있다. 알람이 계속 울려 주변 사람들이 소음에 시달리고, 아이의 식사를 챙기느라 부모가 직장에 지각한다든지, 담임교사에게서 연락을 받는다든지 하면 부모도 이 문제를 수용하고만 있기가 어렵다. 이때, 아이가 문제라고 느끼지 않는다면 **SOS 모드**('문제가 있는데 좀 도와주겠니?')로 넘어간다. "너를 깨우느라 엄마도 자꾸 지각하네. 10분만 일찍 일어날래?", "알람 소리가 너무 시끄러워서 다들 아침부터 기분이 날카로워져. 알람 맞춘 시간에 바로 일어나서 꺼줄래?" 등 도움을 요청한다.

하지만 아이가 불편감을 느끼고 있거나 서로 갈등이 심해져 문제를 자각하고 있는 상황이라면 **윈윈 모드**를 적용해봐야 한다. "우리 둘 다 만족할 수 있는 방법이 뭔지 생각해보자"로 시작해 대화를 통해 서로의 욕구를 구체화하고, 그 욕구 중심으로 양쪽 다 만족할 해결책을 계속 찾아야 한다. 부모는 등교 한 시간 전에는 일어나야 한다고 깨우느라 지치는데 아이가 등교 10분 전에 일어나도 지각하지 않고 준비물도 잘 챙겨서 간다면, 그런 상태를 일정 기간이라도 수용하는 것도 갈등해결의 한 방법이다. 물론 지각하는 일이 생기면 기상 시간을 당겨야 한다는 내용도 협의해둔다. 필요하면 종이로 협의안을 만들어서 사인을 해놓고, 잘 실행

되는지 매주 확인해보는 시간을 가지며 정착시킨다. 어쨌든 핵심 목표는 아이와의 소통이다. 아이를 모범생으로 만드는 것이 궁극적인 목표가 아니라는 사실을 기억하자.

진짜 이기는 대화법

지금까지 PACE로 사춘기 아이의 마음을 열고, 줄타기 장인처럼 조심하면서, 갈등 시에 성공적 소통의 대화 알고리즘을 적용하는 것까지를 살펴보았다. 여기까지 읽고 이런 질문을 할 수도 있다. "에이, 말이 쉽지 현실에서 그게 그렇게되나요? 괜히 어설프게 해서 아이 기만 살리는 건 아닌가 걱정됩니다." 맞는 말이다. 말이 쉽지 현장에서 내 아이와의 상황에 적용하기란 정말이지 쉽지 않다. 그럼에도 불구하고 꾸준히 연습하면 분명히 도움이 되는 방법이니 막막하고 답답할 때마다 펼쳐보고 적용해보면 좋을 것 같다.

이 책의 목표는 부모가 자녀와의 대화에서 이기도록 하

는 것이 아니다. 오히려 잘 지게 하는 것이 목표다. 부모에게 덜 기대고, 자신의 책임을 잘 받아들이고, 온전히 자기 삶의 주도권을 차지하도록 하기 위해 부모는 잘 져줘야 한다. 동등한 관계에서, 건설적인 관계에서 대화하는 법을 배워야 한다.

안타깝게도 사춘기가 되면 그 전까지 문제없던 부모 자녀 관계도 깨지고 멀어지는 경우를 자주 본다. 밥도 같이 먹지 않고 여가 활동도 따로따로 즐기고 우린 그저 비즈니스 관계라고 말하는 껍데기뿐인 사이가 되기도 한다. 속에는 멍이 잔뜩 든 채로 말이다. 부모와 자녀가 서로 이기려고 하다 보니 일어나는 일이다.

진짜 이기고 싶다면 제대로 질 줄 알아야 하며, 상대를 잘 읽고 존중해야 한다. 아이와의 대화가 너무 조심스럽다는 사람들을 위해 추천하고 싶은 '진짜 이기는 대화법' 몇 가지를 소개한다.

존중의 표시, 상대의 말 되풀이하기

아이의 말을 이어받을 때 아이가 했던 말을 한 번 되풀이해주면 부모가 자신의 말을 귀담아들었다는 확신을 주어 아이로 하여금 존중받음을 느끼게 한다. 예를 들어 아이가 생일에 친구들과 저녁을 먹겠다고 했을 때, 부모가 곧바로 "네 생일에 같이 저녁 먹으려고 아빠가 일부러 시간 냈는데 안 가면 안 되냐?"라고 말하기보다는 "아, 생일에 친구들과 저녁 먹기로 했다는 거지?"라고 되풀이해준다. 그리고 나서 "네 생일에 같이 저녁 먹으려고 아빠가 일부러 시간 빼뒀는데 안 가면 안 될까?"라고 덧붙이는 식이다. 같은 말이라도 아이가 느끼는 압박이 훨씬 덜할 것이다.

'그러나(그런데)' 대신 '그리고'

우리는 의견이 대립될 때 내 주장의 우월함을 드러내기 위해 본능적으로 '그러나(그런데)'를 자주 사용한다. 논문을 쓸 때도 "여태까지의 연구는 주로 ○○에 초점을 맞추어 이루어졌다. 그러나 ○○에 초점을 맞춘 연구는 부족했다"라는 식으로 써야 독창성이 잘 드러난다고 본다. 내 주장을 뚜렷이 보여주려면 대비를 확실하게 하는 방법이 효과적이기 때문이다.

문제는 부모와 자녀는 옳고 그름을 따지는 관계가 아니라 함께 이해하고 수용해야 하는 관계라는 점이다. 두 사람이 '그러나(그런데)'를 사용해 계속 이야기하면 좀처럼 의견 차를 좁히지 못할 뿐 아니라 오히려 사이가 멀어질 수 있다. "너는 친구들과 같이 저녁을 먹고 싶어 해. **그런데**, 우리는 너랑 같이 저녁을 먹고 싶어"라고 하면 그다음에 어떤 반응이 예상되는가? 두 의견은 양립할 수 없고 둘 중 하나만 선택해야만 할 것 같은 긴장이 느껴지지 않는가? 친구가 소중하냐 가족이 소중하냐 이런 논쟁이 뒤따를지도 모를 분위기다.

반면 '그리고'를 사용하면 두 의견이 공존할 수 있는 방안을 고민하는 쪽으로 우리 뇌가 작동한다. "너는 친구들과 같이 저녁을 먹고 싶어 해. **그리고**, 우리는 너랑 같이 저녁을 먹고 싶어"라고 한다면 그다음 반응은 어떨까? 대립하는 느낌보다는 둘을 동시에 할 수 있는 묘안이 없을지 고민을 좀 더 하게 되지 않을까? 그러면 생일 기념 가족 식사 자리에 친구들을 초대해 함께한 뒤 친구들과 따로 놀러 간다거나 하는 멋진 중재안을 아이가 먼저 제안할지도 모른다.

그러니 적어도 아이와의 관계에서는 '그러나(그런데)'가 아닌 '그리고'를 사용하자.

과유불급, 때론 침묵이 답이다

소통이 중요하다는 생각에 아이의 말에 일일이 답하다가 오히려 꼬투리를 잡히는 부모들이 있다. 아이가 갑자기 성형수술을 해달라고 조른다든지, 비싼 명품을 사달라고 한다든지, 혼자 자취하겠다고 한다든지 들어주기 어려운 요구를 늘어놓는 상황에서는 논리적 이유를 찾아 아이를 설득하려는 과정 자체가 갈등을 키울 수 있다. 조를 때마다 일일이 답하다 보면 오히려 관계가 깨어지고, 아이는 기분이 안 좋을 때마다 그것을 이용해 부모를 자극하고 조종하려 할 수도 있다.

과유불급이라 했다. 지나치면 안 하느니만 못하다. 처음 한두 번은 가볍게 넘어가도 세 번째쯤에는 안 된다고 단호하게 이야기해야 한다. 그래도 안 되면 이후에는 아예 대꾸를 하지 말고 침묵으로 일관하는 편이 나을 수 있다.

과잉 반응이 좋지 않은 대표적인 경우가 아이가 "나 학교 그만둘래"라고 말할 때다. 알고 보면 아이는 그저 오늘 힘들었다는 이야기를 하고 싶었을 뿐인데, 대부분의 부모는 예민한 반응부터 보인다. "자퇴하고 뭐 할래? 중학교도 안 나오면 멀쩡한 데 취직도 못 해. 그리고 다른 사람들이 알면 뭐라고 하겠어? 검정고시 본다 쳐도 혼자 공부하는 게 얼마나 어려운 줄이나 알아?"하며 말이다. 그러면 아이는 "엄마(아빠)는 내가 얼마나 힘든지 이해도 안 해주고 이상한 소리만 해!"하며 우울해하고, 역효과가 나서 자퇴에 더 집착하게 되기도 한다. 그러니 아이가 덜컥 자퇴 얘기를 꺼냈을 때는 "오늘 힘들었나 보구나"하며 위로부터 해주자. 그리고 자퇴 얘기는 심각하게 거론하지 말고, 일단 그 자리를 조용히 마무리하는 편이 낫다.

언제나 유용한 비폭력 대화법

비폭력 대화는 미국의 심리학자 마셜 B. 로젠버그Marshall B. Rosenburg가 제안한 대화법이다. 비난, 무시, 강요 등과 같은 공격적 요소를 줄이고, 자신의 욕구와 느낌에 대한 솔직한 표현과 공감을 바탕으로 소통하여, 서로에 대한 이해와 갈등해결을 돕는 좋은 도구다. 상대를 조종하려 하지 않고 스스로 원하는 것을 전달하는 데 목표를 두기 때문에 서로 힘겨루기를 하는 사춘기 자녀와 부모 관계에서 잘 활용하면 큰 도움을 받을 수 있다. 특히 앞서 성공적 대화의 알고리즘 중 윈윈 모드에서 유용한 대화법이다. 나도 아이들과 소통하기 어렵거나 대화의 간극이 느껴질 때면 늘 비폭력 대화법으로 돌아가 시작한다.

예를 들어 퇴근하고 집에 왔는데 사방이 난장판이라 화나는 상황이라고 해보자. 이럴 때 소리를 질러 분위기를 망치는 대신 비폭력 대화를 시도해볼 수 있다.

비폭력 대화는 크게 '관찰-느낌-욕구-요청'이라는 네 가지 구성요소로 이루어져 있다. 먼저 '관찰'은 말 그대로 관찰한 것을 그대로 전달하는 것이다. 여기서 평가나 비판을 빼고 담백하게 표현하는 것이 중요하다. "집이 쓰레기장이네"보다는 "집이 어질러져 있네" 또는 "여기저기 물건이 쌓여 있고, 먹고 버린 과자 봉지가 굴러다니네"라고 하는 식으로 말이다. 그리고 '느낌'은 솔직하게 감정을 표현하는 것이다. 이때는 '화나다', '짜증 나다'와 같이 강하고 딱딱한 단어가 아니라 '슬프다', '외롭다', '낙심하다'와 같이 약하고 부드러운 단어를 선택하도록 한다. '욕구'는 좌절의 결과 현재의 느낌을 받게 된 배경이 되는 것이다. 이 상황에서는 '집에 왔으니 편히 쉬면서 가족들과 즐거운 시간을 보내고 싶다'는 욕구가 좌절된 것으로 볼 수 있다. 마지막으로 '요청'은 문제 상황에 대해 상대에게 도움을 청하는 것인데, 명확하면서도 긍정적인 톤이어야 한다. "지금 정리해줄 수 있을까?"라든지 "앞으로는 내가 집에 도착하기 전에는 정리 좀 부탁해"라고 표현하면 된다.

이 모든 내용을 종합하면 다음과 같이 정리해볼 수 있다. "현관문을 열고 보니 집이 엄청나게 어질러져 있어서 나는 좀 슬펐어. 집에 왔으니 편히 쉬면서 가족들과 즐거운 시간을 보내고 싶었는데, 집을 치우다 보면 휴식 시간이 줄어들 것 같아 속상했거든. 그러니까 다들 지금부터 15분만 정리 같이 해줄래?" 이렇게 하면 아이는 비난받지 않으면서 오히려 부모를 도와주는 사람이 될 수 있고, 갈등 상황도 잘 마무리된다.

이런 비폭력 대화 방식을 자주 접하며 자란 아이들은 자연스레 자신의 마음도 이렇게 표현할 수 있어서, 이후 다른 갈등 상황이 오더라도 긴장하지 않고 더 자신감을 가지고 해결해나갈 수 있다. 비폭력 대화법에 대해 더 자세한 내용이 궁금하다면 책《비폭력 대화》를 읽어보거나 관련 교육을 받아보기를 추천한다.

→ ›››››››››

1 아이의 마음을 열기 위해 PACE(유쾌함, 수용, 호기심, 공감)의 태도를 활용해보자.

2 대화에는 기술이 필요하고, 줄타기처럼 섬세한 조절이 필요하다. 먼저 말의 강도, 빈도, 목소리 톤부터 조절해보자.

3 대화 기술을 상황에 따라 잘 적용할 수 있도록 돕는, 성공적 소통의 대화 알고리즘을 익혀두었다가 일상생활에 적용해보자.

4 진짜 이기려면 질 줄 알아야 하며, 상대를 잘 읽고 존중하는 대화법을 써야 한다. 상대의 말 되풀이하기, '그리고' 사용하기, 때로는 침묵하기, 비폭력 대화법 등등을 잘 활용해보자.

‹ ‹‹‹‹‹‹‹‹‹

5장

부모를 넘어설 아이들, 그들에게 배우자

"선생님, 우리 애기 좀 잘 봐주세요." 스무 살이 넘은 딸을 데려온 어머니의 간곡한 부탁에 나는 웃으며 대답했다. "아이고, 이제 애기라고 그만 부르시고, 걱정도 내려놓으세요."

부모 눈에 자식은 평생 아기인가 보다. 다 큰 성인도 아기로 보는 마당에 사춘기 청소년은 오죽할까. 아이는 쑥쑥 성장하고 있는데, 부모 눈엔 여전히 한없이 연약하고 도움이 필요한, '뭘 모르는' 모습으로 보인다.

"사춘기 지나면 다시 괜찮아지겠죠?" 하고 묻는 부모들에게 "네, 좋아질 거예요" 하고 답하면서 늘 덧붙이는 말이 있다. "그러고 나면 곧 어른이 될 거예요."

아이의 사춘기는 끝난다. 그러면 아이는 이전의 어린이로 돌아가는 게 아니라 어른이 된다. 실제 뇌 발달도 그렇다. 뇌가 계속 발달해 만 스물네 살 무렵이면 고도화된 어른의 뇌로 완성된다. 명절에 친척들이 준 용돈을 어떻게 쓸지, 제주도 가족 여행에 동참할지, 무슨 일을 하며 살아갈지 모두 스스로 결정하고 책임질 수 있는 어른이 된다.

어쩌면 어른이 되기 전 사춘기는 양육을 마무리하는 아주

특별한 기간인지도 모른다. 독수리가 날기를 가르치고 사자가 사냥을 가르치듯, 아이가 스스로의 삶을 살아가도록 가르쳐야 하는 시기 말이다. 그래서 부모의 마음은 더욱더 조급해진다. 어쩔 수 없이 서툴고 넘어지는 아이를 바라보며 조마조마한 마음에 성급한 조언을 해댄다. 하지만 아이 역시 불안하기에 부모의 그런 태도는 오히려 역효과를 부르기도 한다.

사실 우리 모두는 안다. 아이는 어른이 될 것이고, 오히려 부모를 훌쩍 넘어설 정도로 성장할 것임을.
이러한 맥락에서 이 장에서는 부모 자신의 불안을 다스리고, 한 발짝 물러나 아이를 지켜보고 응원하는 위치에 서게 하는 데 도움이 되는 관점들에 대해 이야기해보고자 한다.

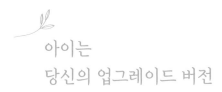

아이는
당신의 업그레이드 버전

'업그레이드'라는 말은 원래는 컴퓨터 분야에서 사용됐지만, 지금은 기존의 틀은 유지하되 질적으로 차별화되는 더 큰 변화를 지칭하는 용어로 널리 쓰이고 있다. 나는 이 단어를 부모 자녀 관계에도 적용해보고 싶다. 부모가 노심초사 걱정하고 있는 아이가 바로 부모의 업그레이드 버전이라고 말이다.

아이는 부모의 DNA를 물려받은 존재다. 아주 작은 DNA 속에는 우주만큼이나 광대한 정보가 들어 있기에 수정受精된 순간부터 이미 많은 것이 결정된다. 부모에게 반반씩 유전자를 물려받은 아이에게서는 엄마 같기도 하고 아빠 같기도 한, 참으로 오묘한 특징들이 보인다.

그러기에 부모의 재능을 자녀가 물려받는 경우도 흔하다. 한번은 피아노를 배워본 적이 없고 악보도 못 보면서 베토벤과 모차르트 곡을 막힘없이 연주하는 아이를 만난 적이 있다. 알고 보니 엄마가 피아니스트여서 어깨너머로 배웠단다. 놀라운 유전자의 힘이 아닐 수 없다. 실화를 바탕으로 한 영화 〈당갈〉에도 전직 레슬링 선수였던 아버지의 지도를 받아 국제 대회에서 메달을 딴 두 여성이 나온다. 부모가 가수면 자녀도 노래를 잘하고, 부모가 운동선수면 자녀도 운동을 잘할 확률이 높다. 그래서 나도 진로상담을 할 때면 부모의 직업이나 취미를 물어보곤 한다. 지금은 아이가 큰 관심이 없어도 나중에 아이의 강점으로 작용할 가능성이 높기 때문이다.

그런데 아이가 부모의 좋은 점만 닮는 것은 아니기에 이런 이야기를 들으면 부담스러워하는 사람들도 많다. "저는 아이가 저를 닮는 게 싫어요." "저의 안 좋은 점이 아이에게서 보이면 너무 힘들어요. 저도 참 많이 힘들었는데 아이도 그럴까 봐 겁나요." "남편이 정리 정돈을 잘 못하는데, 그런

면을 똑 닮은 아이를 보면 답답하고 자꾸 화가 나요." 그리고 스스로 자존감이 낮거나 부부 사이가 좋지 않을수록 이런 부담이 더 커지는 편이다.

하지만 안심하시라. 당연하게도 DNA가 모든 것을 결정하지는 않는다. 일란성쌍둥이가 똑같은 삶을 사는 게 아니듯이 말이다. 이를테면 노래를 잘한다는 재능이 있어도 어떤 사람은 가수가 되고 어떤 사람은 프로듀서가 되고 어떤 사람은 그냥 노래 잘하는 회사원이 된다. 따지고 보면 노래를 잘하는 이유는 목소리가 좋아서, 박자 감각이 남달라서, 감성이 풍부해서 등 가지각색이다. '노래를 잘하는 사람'이 가지고 있는 저마다의 특성을 어떻게 활용하느냐에 따라 인생이 크게 달라질 수 있다.

또 하나, 모든 특성은 우열이 아니라 장단점이 있음을 명심해야 한다. 일례로 한국 사회는 키 큰 사람을 선호하지만 키가 크다고 무조건 좋은 것도 아니고 키가 작다고 무조건 나쁜 것도 아니다. 키 큰 아이들은 어릴 때부터 제 나이보다 성숙하기를 요구받는 경향이 있어 스트레스를 받는 경우가 꽤 있다. 반면 키가 작기 때문에 오히려 목소리를 더 크게 내고 다른 강점을 계발하려 노력하기도 한다. 반동형성

reaction formation이라는 심리학적 방어기제가 작용했다고 볼 수 있는데, "작은 고추가 맵다"는 우리 속담도 이런 경향을 가리킨다.

그래서 부모의 단점이 오히려 자녀의 장점이 될 수도 있다. 다혈질인 성격이 용감함이나 도전 정신으로 나타날 수도 있고, 불안한 성격은 신중함이나 꼼꼼함으로, 직설적이거나 단호한 말투는 논리성이나 리더십으로 발현할 수 있다. 즉 부모의 특성이 아이 속에서 '업그레이드'된 것이다.

업그레이드의 본질을 살려 부모를 닮은 장점은 열심히 발견해서 키워주고, 부모를 닮은 단점은 보완할 수 있게 도와주는 것, 그것이 부모의 역할이다.

"제가 학교 다닐 때 좀 노는 애였거든요. 정신 차리기까지 시간이 꽤 걸렸죠. 그래서 그런지 저희 애도 노는 걸 정말 좋아하는데, 걱정이 많이 돼요." 이런 부모의 경우, 무작정 아이를 못 놀게 하는 건 답이 아니다. 부모에게서 흥 많은 성향을 물려받은 아이를 억눌러봤자 거짓말하거나 반항하는 등 역효과가 날 수 있다. 부모도 결국 정신을 차렸으니 아이도 언젠가 정신을 차리리라 믿어주는 편이 낫다. 다만 부모가 그 과정이 너무 힘들었음을 반면교사 삼아, 아이가 노는 와중에도 학업의 끈을 완전히 놓지 않도록 방법을 고민해서 알려주고 기다려보자.

가장 중요한 건 아이가 도움을 청할 때 즉각 반응할 수 있도록 멘토의 자리를 지키고 있는 것이다. 부모의 현명한 조언을 바탕으로 조금씩 수정되고 개선되어가는 과정에서 아이는 분명 부모의 훌륭한 업그레이드 버전이 되어 사회에서 제 몫을 해낼 것이다.

물론 부모가 못 이룬 한을 대신 이뤄주는 대상으로 아이를 키워서는 안 된다. 아이는 아이, 부모는 부모다. 양육 과정에서 아이로부터 보상받겠다는 생각은 버려야 한다.

그래도 사춘기 아이가 내면의 한계를 극복하는 과정을 지켜보며 느끼는 흐뭇함과 뿌듯함은 겪어본 사람만 알 수 있는 감정이다. 마치 새로운 삶을 사는 또 다른 나를 보는 듯한 미묘한 기분이기도 하고, 내 인생에서 이루지 못한 것들에 대한 아쉬움이 눈 녹듯 사라지며 이대로 나이 들어도 괜찮겠다 싶은 감정이기도 하다.

당신도 힘들게 업그레이드 버전을 완성해낸 기쁨을 맛볼

날이 머지않았다. 사춘기 아이와 함께하는 하루하루가 못내 힘겨울 수 있지만 고지가 바로 저기이니 조금만 더 힘내기를 응원한다.

공자와 워즈워스의 혜안
— 아이에게서 배워라

중고등학교 때 한문 시간만 되면 늘 긴장했다. 한문이 유난
히 잘 안 외워지는 데다 질문에 답하지 못하면 손바닥을 맞
았기 때문이다. 그런데 그렇게 오랫동안 호되게 수업을 들
었는데도 막상 성인이 되어 생각나는 구절은 그리 많지 않
았으니 역시 체벌은 학습에 큰 도움이 안 되는 것이 분명하
다. 그래도 그중 한 구절은 건졌는데 바로 공자의 '삼인행필
유아사三人行必有我師'로, 세 사람이 같이 가면 반드시 그 가
운데 나의 스승이 있다는 뜻이다.

평생 한 명의 스승을 만나기도 어려운데, 그저 걸어가고
있는 세 사람 가운데 내 스승이 있다니 말도 안 되는 소리
처럼 들린다. 하지만 이는 나보다 나아 보이든 못나 보이든

모든 사람에게서 배울 점을 찾는 겸손과 배움의 태도를 강조하는 말이다.

나는 일상에서 종종 이 구절을 떠올린다. 시장에서 물건을 고를 때도, 병원에서 환자들을 만날 때도, 동료들과 함께 일할 때도, 그들이 내 스승일 수 있다는 생각으로 사람들을 대하려 해왔다. 그러면 진짜로 그들에게서 배울 점이 보이고 고마운 마음이 들 때가 많았다.

내 아이들도 예외가 아니었다. 나에게 전적으로 의지해야 하고, 지혜도 부족한 어린아이들임에도 불구하고 아이들을 보며 참 많이 배웠다. 자그마한 일에도 까르르 웃으며 좋아하는 아이를 보며 행복이 그다지 어려운 것이 아님을 배웠다. 기어다니던 아이가 두 발로 서고 걷는 모습을 보며 인간이 놀랍게 성장하는 존재임을 배웠다. 두 팔 벌리면 달려와 안기는 아이를 보며 내가 누군가에게 환영받는 존재임을 배웠다. 심하게 혼난 뒤에도 앙심 따위 품지 않고 언제 그랬냐는 듯 웃어주는 아이를 보며 용서를 배웠다. 사춘기를 거치며 변해가는 아이를 보며 부모의 한계와 함께, 누구나 자기 몫의 성장통이 꼭 필요하다는 점을 다시 한번 배웠다.

'삼인행필유아사.' 사춘기 아이 때문에 힘들 때 가만히 되뇌어보자. 그리고 생각해보자. 지금 내 아이가 내게 가르쳐주고 있는 게 뭘까 하고 말이다. 아이를 내 소유라 여기고 지나치게 좌지우지하려 한 건 아닐까? 나도 못했던 일을 아이에게 강요한 건 아닐까? 어쩌면 이제 많이 컸으니 그만 자식 걱정은 내려놓고 부모가 아닌 오롯이 한 인간으로 돌아갈 때가 되었다는 메시지를 보내는 건 아닐까?

영국의 시인 윌리엄 워즈워스도 "어린이는 어른의 아버지The Child is Father of the Man"라고 〈무지개Rainbow〉라는 시에서 말했다. 자연에 대한 경건함을 잃지 않는 동심을 어린이에게서 배워야 한다는 것이다.

그러니 공자와 워즈워스의 혜안을 빌려 내 아이에게서 배울 점을 찾아보자. 행복의 길이 보일 것이다.

물론, 아이 생각이 다 옳다고 해주고, 아무런 충고도 하지 말란 뜻은 전혀 아니다. 아이에게서 배우는 태도를 강조하는 이유는, 이렇게 마음먹으면 아이를 무시하지 않고 아이의 말에 귀 기울이게 되기 때문이다. 그래야 아이와 친밀한 관계를 유지할 수 있다. 평소 대화를 통해 아이가 어느 정도 성장했는지 파악해오다 보면 아이와 쓸데없이 기 싸움이나 패권 싸움을 하는 일을 줄일 수 있다. 그리고 마침내 어른이 된 아이에게 도움도 받으며 원만하게 지내는 시기로 넘어갈 수 있다.

내 경우만 해도 그렇다. 처음엔 내가 딸아이에게 화장을 가르쳐줬지만 이제는 딸이 나보다 화장품을 더 잘 고른다. 오히려 내가 딸의 화장품을 신기하게 구경하며 따라 사는 입장이 되었다. 옷이나 신발을 쇼핑할 때도 마찬가지다. 나보다 더 똑 부러지게 가성비를 잘 따진다. 음식점 키오스크 앞에서 내가 잠시라도 머뭇거리고 있으면 딸이 구원투수처럼 나타나 주문을 대신 해주기도 한다. 아이가 부모의 스승이라는 말을 정말이지 온몸으로 체감하고 있다. 엄마로서 챙겨줄 일이 없어져 섭섭하면서도 뿌듯하다.

그러니 지금 당장 까칠한 사춘기 아이 때문에 부담스럽고 힘들어하는 부모들이여, '삼인행필유아사'의 마음으로 아이를 바라보자. "어린이는 어른의 아버지"라고 한 워즈워스의 혜안으로 아이와 함께할 5년 뒤, 10년 뒤 미래를 내다보자. 아이는 부모에게서 배워 기어코 부모를 넘어서는, 부모의 업그레이드 버전이 될 것이고, 당신은 아이와의 해피엔딩에 도달할 수 있을 것이다. 그런 앞날을 믿고 여유를 가져보자.

부모 세대가
디지털 시대를 사는 법

"아이고, 이런 걸 다 하고! 우리 손주는 천재인가 봐." 고사리 같은 손으로 스마트폰을 누르며 자기가 원하는 애니메이션 영상을 보는 돌쟁이 손주를 바라보는 할머니 할아버지의 얼굴에는 대견함이 가득하다. 사실 요즘 아이들은 태어나면서부터 디지털기기를 접했기 때문에 장난감을 가지고 놀 듯이 잘 다루는 게 당연한데, 디지털기기라면 지레 겁먹는 조부모로서는 마냥 신기하기만 하다.

조부모 세대만 그럴까? 아이가 성장하면서 어느 순간 부모보다 디지털기기를 더 잘 다루는 것이 당연해졌다. 마치 미국에 이민 간 아이가 부모보다 빠르게 영어를 배워 부모의 통역자가 되어주듯 말이다.

1990년대 중반 이후에 태어난 아이들은 디지털 원주민이라 불린다. 어릴 때부터 디지털 환경에 노출되어 자라 자연스레 디지털기기를 능숙하게 다루고 디지털 콘텐츠를 활용한다. 예전 같으면 대학생이나 되어야 활용하던 프로그램들을 지금은 초등학생이 발표 자료를 만드는 데 활용한다. 인터넷에서 필요한 자료도 기막히게 잘 찾아낸다. 친구들과도 교실보다 사이버환경에서 더 많은 소통을 한다.

그런데 상대적으로 디지털 활용 능력이 뒤떨어지는 부모는 아이의 이런 행동을 무조건 부정적으로 바라보곤 한다. 불안한 마음에 무조건 못 하게 하다 보니 갈등도 빈번하다.

하지만 디지털 세상으로 향하는 거센 흐름을 거스를 수는 없다. 예전 아이들이 운동장이나 놀이터에 모여 딱지치기, 구슬치기, 술래잡기를 했듯이, 요즘 아이들은 디지털 세상에서 게임을 하고 영상이나 사진을 찍고 재미있는 콘텐츠를 공유하며 논다. 그러면서 친구들과 소통하고 유대감을 형성한다.

이런 상황에서는 스마트폰이나 인터넷, 게임 등을 경계와 금지의 대상으로만 볼 수 없다. 부모도 생각을 바꿔 적극적으로 배워야 한다. 아이처럼 게임을 하고 영상을 보라는 얘기가 아니라, 아이들 사이에서 어떤 게임이 유행인지, 어떤 영상이 인기 있는지, 그 과정에서 어떤 상호작용이 일어나는지 열심히 살피고 경험해봐야 한다는 뜻이다.

기술이 급속도로 발전하며 변화의 속도는 점점 더 빨라지고 있다. 이제는 정류장에 앉아 있으면 어떤 버스가 어디에 있고 몇 분 뒤에 도착하는지 다 알려준다. 그걸 당연하게 여기는 요즘 아이들은 버스 올 시간을 미리 확인한 뒤 집에서 나온다. 택시도 앱을 이용하지 않으면 잡기가 어렵다. 근처에서 앱으로 미리 주문하면 픽업 시간까지 안내해주는 커피 전문점도 많아졌다. 온라인쇼핑은 이미 대세가 된 지 오래다. 나도 이전에는 자주 가던 마트를 이젠 한 달에 한 번 갈까 말까 한다. 정말 빠른 변화에 때로는 적응이 안 될 지경이다.

앞으로 어떤 세상이 펼쳐질지 아무도 예측할 수 없지만, 아이에 비해 부모는 시대의 흐름을 따라잡기가 점점 어려워질 것이라는 점만은 확실하다. 그러므로 디지털 이주민인 부모는 디지털 원주민인 아이에게 디지털 세상을 살아가는 법을 배워야 한다. 가장 좋은 방법은 생활 속에서 직접 부딪

치며 경험하는 것이다. 아이가 어릴 때 부모와 함께하는 시간을 통해 세상을 배우듯, 부모도 아이의 일상을 따라가고 공유하면 좀 더 쉽게 익힐 수 있다.

그런 맥락에서 아이를 사랑하고 존중하고 친밀감을 유지하며 건강한 관계를 만들라는 나의 조언은 아이만을 위한 것이 아니라 궁극적으로는 부모를 위한 것이다. 내 아이가 디지털 시대를 살아가는 가장 좋은 선생님이 되어줄 테니 말이다.

디지털 폭풍 속
최적의 투자처

이 대목에서 잠깐 이런 질문을 던져보고 싶다. 당신은 디지털 시대의 변화에 얼마나 잘 적응하고 있는가? 그리고 하루가 다르게 새로워지는 기술이나 콘텐츠에 대해 얼마나 잘 알고 있는가?

2000년대 들어 스마트폰이 본격적으로 출시되고 상용화되기 시작했을 때 노인은 스마트폰을 배울 필요가 없다는 인식이 팽배했다. 이런 새로운 기기는 젊은이들이나 배우는 거고 이미 나이 든 사람들은 하던 대로 살면 그만이라는 생각이었다. 하지만 현실은 달랐다. 스마트폰은 일상 속으로 급격히 스며들었다. 이제는 나이의 많고 적음을 떠나 누구나 스마트폰을 사용해야 하는 상황이 되었다. 그래서 노인 대상으로 스마트폰 활용법을 알려주는 강의나 서비스가 급속도로 늘어났다.

AI는 또 어떤가. 인터넷 쇼핑몰에서는 소비자의 관심사와 구매 이력은 물론이고 비슷한 취향을 가진 다른 사용자의 데이터까지 활용해 상품을 추천해준다. 개인화 추천 서비스나 가격 비교 서비스가 당연해졌다. 자율주행 기능을 갖춘 자동차, 로봇청소기·냉장고·세탁기 등 각종 가전제품을 비롯해 초중고 교재와 어린이 교구에까지 AI를 내세워야 장사가 잘된다. 2022년 11월에 대화 전문 인공지능 챗봇 챗GPT가 출시된 후에는 기존 AI를 뛰어넘는 AI 기술에 대한 기대감이 한껏 높아졌다. 미래의 일은 알 수 없지만, 온 세상을 휩쓸고 있는 디지털 폭풍이 앞으로 더욱 거세게 몰아칠 것만은 분명한 듯하다.

이런 흐름에서 요즘 아이들은 성장하는 과정에서 자연스레 디지털 주도권을 잡게 된다. 반면 부모들은 변화를 따라잡기도 버거운 상태에서 은퇴를 맞이하고 노년을 보낼 가능성이 높다. 정신과 의사가 갑자기 웬 디지털 미래 이야기를 꺼내나 싶겠지만, 사실 스트레스의 상당 부분은 각자가 세상에 적응을 잘하느냐 못하느냐에서 기인한다. 이토록 일상을 뒤흔들어놓는 변화가 지속된다면 적응의 어려움을 호소하는 사람들도 많아질 것이다. 음식점 키오스크 앞에서 한참을 헤매다 결국 식사를 하지 못한 채 돌아와 울었다는 노인의 고백이 남 일처럼 느껴지지 않는 이유다.

미래학자들의 전망에 따르면 2030년경에는 학교가 없어지고 의사를 비롯해 사라지는 직업도 많아지며, 2045년쯤이 되면 AI가 인간을 추월할 것으로 예상하고 있다(《세계미래보고서 2045》). 아마도 시기는 조금 달라지더라도, 그런 방향으로 나아가리라는 것만은 분명한 듯하다.

그런 시기가 온다고 해도 어쨌든 기본적인 삶의 형태는 지금과 비슷할 가능성이 높으니 디지털기기를 잘 다루지 못해도 어떻게든 살아갈 수는 있을 것이다. 그러나 미래학자들은 디지털 세상에 적응한 사람과 실패한 사람 사이에는 커다란 삶의 질 차이가 있으리라고 경고한다. 스마트폰을 스마트하게 쓰느냐 아니냐에 따라서 엄청난 차이가 생기는 것과 마찬가지다.

이런 미래를 대비하기 위해 어디에 투자하면 좋을까? 주식? 부동산? 암호화폐? 이런저런 투자 노하우를 들어봐도 뭐 하나 뾰족한 수가 없어 보인다. 급변하는 시대에 하나같이 미래가 불투명하게 느껴지니 불안하기만 하다.

그런 사람들에게 나는 아이에게 투자하라고 권하고 싶다. 특히 초등학교 4학년부터 중학교 3학년 때까지, 사춘기가 아주 중요하다. 돈을 많이 투자하라는 것이 아니라 관계에 집중해서 투자하라는 말이다. 이 시기에 아이에게 관심을 기울이고 돈독한 관계를 만들어두면 나중에 유형이든 무형이든 분명히 엄청난 수익을 얻을 수 있으리라 믿는다.

아이들이 노후에 경제적으로 부모를 부양할 것이라는 게 아니라, 부모 세대가 노년에도 디지털 시대를 현명하고 활기차게 살기 위한 대비책이 되어줄 것이라는 이야기다. 디지털 폭풍 한가운데에서 길을 잃은 부모에게 이번에는 아이가 길을 보여주고 가르쳐줄 것이다. 자녀와 꾸준히 소통하고 좋은 관계를 유지하는 덕분에 얻는 이익이 특히 노년에 더욱 클 수 있다는 사실을 명심하길 바란다.

1 아이는 당신의 업그레이드 버전이 될 것이다. 부모를 닮은 장점은 열심히 발견해서 키워주고, 부모를 닮은 단점은 보완할 수 있게 도와주자.

2 '삼인행필유아사'라는 공자와 "어린이는 어른의 아버지"라고 했던 워즈워스의 혜안으로 아이에게서 배우자. 아이가 나를 넘어설 미래를 바라보자.

3 빠르게 변하는 디지털 시대에는 부모가 일상을 살아가는 법을 아이에게 배워야 한다.

4 디지털 폭풍이 거세게 몰아치는 시대에 아이는 미래를 대비하기 위한 최적의 투자처다. 사춘기에 아이와 좋은 관계를 형성하는 데 아낌없이 투자해야 하는 이유다.

6장

내 아이를 위한 맞벌이, 득일까 독일까

"아이가 커가니 학원비도 만만치 않네요. 이제는 저도 돈을 벌어서 아이 교육비에 보태야 할 것 같은데 고민이에요. 오랫동안 쉬다 보니 다시 일할 곳을 구할 수 있을지도 모르겠고, 아이 방학도 걱정이고요. 일을 하는 게 좋을까요?"

"그래도 엄마 아빠 중 한 사람은 아이 곁에서 챙겨줘야 할 것 같은데, 둘 다 회사 일이 점점 바빠져요. 아이 혼자 있는 시간이 자꾸 늘어나니 관리가 안 되는 점도 걱정스럽네요. 제가 회사를 그만두는 편이 나을까요?"

진료실에서 엄마들이 자주 묻는 질문 주제 중 하나가 바로 맞벌이다. 워킹맘은 워킹맘대로, 전업주부는 전업주부대로 고민이 있지만 저변에 깔린 근본적인 문제는 비슷한 것 같다. 일과 가정의 양립이 너무나 어렵다는 것이다. 실제로 통계청의 '2022년 상반기 지역별 고용조사 기혼여성의 고용현황'에 따르면 여성의 경력 단절 사유 1위가 바로 육아다.

제일 좋은 안은 아이가 학교 가 있는 시간에만 일하고 재택근무도 가능하고 휴가도 마음 편히 쓸 수 있는 직장을 찾는 것이다. 하지만 그런 꿈의 직장은 현실에 존재하지 않는다.

그러다 보니 죄책감도, 무력감도 다 엄마의 몫이 된다.

아이가 사춘기에 접어들며 까다롭게 굴고, 엄마에게 이런저런 요구를 늘어놓고 학교생활에 문제가 생기는 등의 상황이 벌어지면 고민이 더욱 깊어진다. 특히 워킹맘의 경우, 일하느라 아이를 제대로 돌보지 못한 자신 때문에 이런 문제가 생겼다는 생각에 직장을 그만둘지 말지를 두고 심각하게 괴로워한다.

맞벌이, 해야 할까 말아야 할까? 아무리 고민해봐도 속 시원한 답은 보이지 않는다. 그래서 이 장에서는 부모들이 가장 치열하게 고심하는 그 문제를 다뤄보려 한다.

하고 싶어서 하는 게
아니에요

"저도 애들 생각하면 집에 있고 싶죠. 근데 그게 말처럼 쉽지가 않아요. 애들 교육 문제도 그렇고, 가족 전체를 생각하면 일해야 하니까 어쩔 수 없이 하는 거예요." 현수 엄마는 한숨을 쉬고 눈물을 흘리며 말했다.

출산 후 지금까지 10년 넘게 아이를 키우는 데만 집중해 왔던 현수 엄마는 현수가 6학년에 올라가면서 생각이 달라졌다. 급증하는 학원비를 보며 안 되겠다 싶어 용기를 내서 일을 시작했다. 그런데 4개월째 현수가 친구들과 관계가 나빠지며 학교를 안 가겠다고 고집부리는 날이 부쩍 늘면서 당장 엄마의 공백이 크게 느껴지기 시작했다. 그간 일하러 나가라고 종용했던 현수 아빠는 이런 상황에서 큰 도움이 되어주지 않았다. 결국 엄마가 나서야 할 것 같은데, 일한 지 얼마 되지도 않은 상황에서 휴가를 내자니 눈치가 보였다. 그러다 보니 현수 엄마는 '대체 누굴 위해 이 고생을 하고 있는 걸까' 회의감이 든다고 했다.

　현수 엄마의 이야기를 듣고 공감하는 부모들이 많을 것이다. 부모 세대가 어릴 때만 해도 엄마는 집에서 아이를 키우고 아빠는 밖에서 돈을 벌어 오는 이분화된 역할론이 당연시되었지만 지금은 그런 시대가 아니다. 통계청이 발표한 '2022년 하반기 지역별 고용조사 맞벌이 가구 및 1인 가구 취업 현황'에 따르면 18세 미만 자녀와 함께 사는 유배우 가구 중 맞벌이 비중은 53.3퍼센트다. 그중에서도 13~17세 자녀(막내 기준)를 둔 경우 맞벌이 비중은 59.4퍼센트다. 절반이 넘는 부모가 맞벌이를 하고 있는 것이다.

　자신이 원해서, 시간이 남아서 맞벌이를 한다고 오해하는 경우가 많은데, 실제로는 경제적 사유나 가족 사업을 도와야 하는 상황, 주변의 압박 등으로 본인이 원하지 않아도 맞벌이를 해야 하는 경우가 대부분이다. "저는 육아가 적성에 안 맞아서 너무 힘들어요. 차라리 일을 하고 싶어요",

"나 자신이 없어진 것 같아서 허무하고 무기력해요", "예전에는 나도 잘나갔는데, 남편만 잘나가고 있고 나는 이러고 있는 걸 생각하면 화가 나기도 해요" 하는 고백처럼 육아 우울증으로 시달리다 못해 맞벌이를 택하기도 한다.

아무튼 육아와 일을 병행하는 것은 분명 힘든 일이기에 모두가 고민하지만, 그만두기란 여러모로 쉽지 않다. 맞벌이가 힘들면서도 끌고 가는 게 현실이다. 그렇기에 맞벌이를 할 것인가 말 것인가를 이분법적으로 판단하지 말고 장단점을 잘 살펴봐야 한다.

그럼 아이 관점에서는 맞벌이가 어떨까?

아이에게 집은 탐험가의 베이스캠프 같은 곳이다. 돌아왔을 때 지친 심신을 쉬고 에너지를 보충할 수 있는 따뜻한 장소여야 한다. 특히 영유아기 때는 부모가 늘 가까이에서 챙겨줄 필요가 있는 게 사실이다. 아이가 울거나 힘들어할 때 아이의 감정을 알아주고 반응해주는 대상이 있어야 내면의 안정감을 형성하며 자랄 수 있기 때문이다. 안정적인 애착을 가진 아이는 밖에서도 건강하게 잘 지낸다. 따라서 정신분석학적으로도, 전통적으로도 애착의 대상이 되는 부모의 돌봄은 매우 중요하다. 그렇게 보면 맞벌이는 아이에게 안 좋은 것이라는 선입견이 들 수 있다.

그런데 나는 시대가 바뀌면서 어느 정도 변화가 생겼다고 생각한다. 우선 아이에게는 변함없이 베이스캠프가 필요하다. 그리고 그 장소는 여전히 집이어야 한다. 하지만 휴대폰으로, SNS로 수시로 연락이 가능하고 화상통화도 할 수 있는 지금, 부모가 집이라는 물리적 공간에 늘 있지 않아도 베이스캠프 역할을 할 수 있다. 부모의 역할 가운데 아이가 부모를 필요로 할 때 반응할 수 있는 특성, 바로 가용성 availability이 높아졌기 때문이다.

예전에는 부모가 출근하고 나면 아이와 연락할 수 있는 방법이 많지 않아 아이의 필요에 반응하기가 어려웠다. 그래서 '일하는 부모=부모의 부재'로, '맞벌이=자녀 유기 abandonment'로 흔히 인식되었다. 하지만 요즘은 주 5일 근무와 근로시간 제한, 재택근무와 유연근무, 연차휴가 등으로 시간적 여유를 활용할 수 있는 부모가 많아졌고, 각종 디지털 기기와 서비스를 통해 가용성을 높일 수 있게 되었다. 그래서 맞벌이를 하더라도 아이의 베이스캠프 역할을 어느 정도는 할 수 있다. 일하는 부모도 업무에 지장을 주지 않는

범위에서 아이가 도움을 요청할 때 대응할 수 있고, 참관수업이나 입학식이나 졸업식 등 특별한 날에는 휴가를 쓸 수 있다.

"예전에는 엄마가 일하는 게 진짜 싫었는데 초등학교 고학년이 되니까 하고 싶은 것도, 갖고 싶은 것도 많아져서 엄마가 일하는 게 다행이란 생각이 들었어요." 이렇게 고백하는 아이들도 있다. 이처럼 아이들도 부모의 맞벌이를 마냥 싫어하거나 반대하지만은 않는다. 일정 수준까지는 받아들이려 노력한다. 다만, 도저히 참을 수 없는 상황이 있을 뿐이다.

여기까지 읽다 보면 마치 맞벌이를 장려하는 것으로 오해하는 사람도 있을 것도 같다. 하지만 꼭 그렇지는 않다. 맞벌이를 하면 아무래도 부모가 시간과 에너지를 쪼개서 아이를 돌보다 보니 어느 정도 한계가 있을 수밖에 없다. 타고난 기질이 순하고 안정적인 아이라면 모르겠지만, 특히 기질적으로 예민하거나 학교 적응이나 학습, 행동 조절에 어려움이 있는 경우는 휴직 제도 등을 적극적으로 활용해서라도 부모 중 한쪽이 전적으로 봐주면 큰 도움이 된다.

만약 오로지 경제적 이득 때문에 맞벌이를 검토하고 있다면 득과 실을 잘 헤아려보라고 권하고 싶다. 지금 당장 소득은 얻지만 앞으로 아이와의 좋은 관계를 손해 볼 수도 있으니 말이다. 스스로 일을 하고 싶은지, 즐겁게 할 수 있는 일이 있는지, 그리고 아이가 안정적인 상태를 유지하며 부모와 양호한 관계를 유지하고 있는지 등을 두루 따져봐야 한다.

그리고 일을 한다면 최대한 즐겁게 일하자. 부모가 퇴근하고 집에 돌아와 힘들다고 불평하며 짜증을 내면, 그걸 보는 아이도 좋을 리 없다. 부모처럼 힘들게 살기 싫다는 생각에 어른이 되는 것에 대한 기대가 낮아지고 불안해질 수 있다. 실제로 그런 사례를 왕왕 본다. 이왕이면 즐거운 마음으로 일하고 일과 가정의 균형을 잘 유지하는 모습을 보여주면 훗날 아이도 그 영향을 받을 것이다.

맞벌이를 계획하고 있다면
이것부터

그럼 득이 되는 맞벌이인지 어떻게 알 수 있단 말인가? 그건 의외로 아주 간단하다.

이익 = 맞벌이로 인한 긍정 영향 - 맞벌이로 인한 부정 영향

이 식에서 결과가 (+)가 되도록 하기만 하면 된다. (+)면 '득', (-)면 '실'인 것이다.

맞벌이를 시작하는 모든 부모는 의식하든 아니든 마음속으로 이런 득실을 따져보고 당연히 '득'이라 생각할 때 일을 시작한다. 그런데 (+)라 생각했는데 막상 정산해보니 (-)

인 경우가 많은 게 문제다. 대부분은 부정 영향을 충분히 고려하지 않아 생기는 결과다. 그러니 집을 짓기 전 꼼꼼하게 사전조사를 한다는 자세로 철저하게 부정 영향을 따져봐야 한다.

특히 충분한 예상과 대비 없이 '닥치면 어떻게든 되겠지' 하는 마음으로 덜컥 일을 시작하는 것은 정말 말리고 싶다. 생각지 못했던 심각한 부정 영향 때문에 아이와의 관계가 돌이킬 수 없는 수준으로 파괴될 가능성도 있기 때문이다. 문제가 생기고 나면 일을 그만둬도 소 잃고 외양간 고치는 격이 될 수 있다.

흔한 패턴은 다음과 같다. 부모가 일이 너무 바빠져 아이 혼자 있는 시간이 많아진다. 곁에 없지만 아이를 통제해야 한다는 생각에 전화로 지시를 늘어놓는다. 이 소리가 듣기 싫은 아이는 거짓말을 자꾸 한다. 제 역할을 제대로 하지 못하고 있다는 생각에 불안해진 부모는 더더욱 감시와 추궁을 반복한다. 그러면서 갈등이 더욱 악화되는 식이다.

맞벌이의 부정 영향 중 간과되기 쉬우나 실제로는 매우 중요한 두 가지가 있다. 바로 부모의 가용성과 친밀감이 줄어드는 것이다. 그간 아이에게 공기처럼 주어졌던 것들이기에 막상 사라지고 나서야 중요성을 깨닫곤 한다.

가용성 측면에서는 아이가 힘들 때, 필요할 때 언제든지 돌아올 수 있는 베이스캠프 역할을 부모가 해주어야 한다. 부모 중 한쪽이 집을 지키고 있을 때는 가용성이 높아 베이스캠프 역할을 하기 쉽지만, 맞벌이를 하는 경우에는 가용성이 뚝 떨어진다. 만약 공기가 반으로 줄어든다면 당연히 숨 쉬기가 어려워지듯이, 부모의 가용성이 떨어지면 아이는 일상에서 불편과 혼란을 겪을 수밖에 없다. 특히 아이가 어릴수록 부모에 대한 의존도가 높기 때문에 자칫 심각한 문제가 될 수 있어 철저한 준비가 필요하다. 아이가 초등학교 3학년 이하라면 애초에 혼자 있는 시간이 거의 없도록, 돌봄을 맡길 사람이나 기관을 미리 알아봐야 한다.

가용성이 줄어드는 것에 대비하려면 어떻게 해야 할까? 우선, 아이에게 앞으로 맞벌이를 하게 되면 어떤 변화가 일어날지 차근차근 설명하도록 한다. 떨어져 있더라도 물어보고 싶은 일이 있을 때는 언제든 연락하면 된다고 안심시켜준다. 단, 근무 중에는 통화가 어려울 수 있으니 메시지를 남겨놓으면 일정 시간 간격으로 꼭 확인하겠다든지, 점심시간에는 전화를 해주겠다든지 하는 식으로 약속을 정해두는 편이 좋다. 이때 부모가 정한 약속은 최대한 지켜야 한다. 이를 위해 확인 알림을 설정해두는 것도 방법이다. 언제까지나 아이를 신경 쓰며 일할 수는 없겠지만, 맞벌이를 시작한 지 얼마 안 되었다든지 아이가 아직 어리다든지 방학 중이라든지 할 경우에는 이런 식으로 연결감을 유지해줘야 부정 영향을 줄일 수 있다.

그다음으로 친밀감의 감소에도 대비해야 한다. 이는 실제로 함께하는 시간이 줄어들어서일 수도 있고, 지친 상태로 퇴근한 부모가 집에서 아이와 친밀감을 나누는 활동에 소홀해져서일 수도 있다.

최근 성적이 크게 떨어지고 엄마와의 갈등이 심해져 병원을 찾은 지연이의 상담 자리에서 엄마는 "하루 종일 일에 시달리다 보니 집에 오면 말하기가 싫어요"라며 속마음을 털어놓았다. 원래는 외동딸 지연이와 둘도 없는 사이였지만 얼마 전 아이 학원비를 벌겠다며 식당에 취직한 이후 지연이와의 관계가 예전 같지 않고 서먹해졌다는 것이다. 지연이는 "엄마가 지쳐 보이니까 힘든 일 있어도 저 혼자서 참고 말을 안 하게 돼요. 엄마 힘들게 하기 싫어서요"라며 눈물을 훔쳤다. 외로운 마음에 자꾸 휴대폰만 들여다보다 보니 SNS에 의지하고 공부를 안 하게 되었다는 이야기가 이어졌다. 일을 시작할 때만 해도 지연이 엄마는 돈을 벌어 아이를 더 잘 지원해주면 좋아하겠지, 아이에게 도움이 되겠지 하고 생각했을 것이다. 하지만 실제로는 친밀감이 떨어지면서 오히려 부정 영향이 커지게 되었다.

그럼 지연이 엄마가 잘못했다는 이야기인가? 아니다. 부모는 슈퍼맨이 아니다. 그저 아이를 사랑하고 잘 키워보고 싶은 보통 사람일 뿐이다. 그러니 일을 시작하기 앞서 각자 가지고 있는 신체적, 정신적 에너지가 어느 정도 수준인지 냉정하게 따져봐야 한다. 처음부터 강도 높은 일을 하지 말고 여유를 가질 수 있는 일부터 시도해보는 것도 하나의 방법이다. 그리고 내가 정말 지키고 싶은 것이 무엇인지 핵심을 잊지 말아야 한다.

이런 맥락에서 맞벌이가 득이 되도록 하기 위해 명심해야 할 몇 가지 팁을 정리해보았다.

일보다 아이와의 관계가 먼저다

이건 만고불변의 진리다. 일을 할 때도 일보다 아이와의 관계가 더 중요하다는 확신을 아이에게 반드시 주어야 한다. 막상 해보면 쉽지 않은 게 사실이지만, 아이를 늘 우선순위에 둘 수 있도록 해야 한다. 일은 다른 사람이 대신할 수 있을지 모르지만, 아이에게 부모는 당신뿐이다. 또 경험해본 사람은 다 알겠지만 아이와의 관계가 흔들리면 일할 때 집중하기도 어렵다. 아이와 사이좋게 지내는 것이 두 마리 토끼를 다 잡는 길일 수도 있다. 퇴근 후 집에 돌아와 공부까지 챙기느라 애쓰지 말자. 부모도 아이도 모두 수고했으니 즐거운 저녁 시간을 보내는 데 초점을 맞추자.

부모 공백을 메울 대안을 만들어두자

질병 결석, 재량휴업일, 방학 등에 어떻게 할지 생각해보고 아이와 미리 의논해두자. 나이가 어릴수록 혼자 있는 시간은 없거나 짧은 것이 좋은데, 사춘기 아이라도 중간중간 연락하여 챙기는 편이 좋다. 밥도 어떻게든 알아서 먹겠지 하지 말고, 무슨 음식을 언제 먹을지 상의하여 정해주자. 아이가 혼자 밥 먹는 것을 아무렇지도 않게 생각하지 말자. 따지고 보면 어른도 '혼밥'을 어려워하는 경우가 많지 않은가. 부득이하게 혼자 밥을 먹게 한 경우에는 독립심을 칭찬하고 격려해주어 자존감을 올리는 기회로 삼자.

출퇴근 시간을 잘 정하자

가용성 측면에서 보면 부모가 규칙적인 시간에 출퇴근하는 것이 좋다. 몇 시까지는 혼자 있어도 퇴근 시간에 부모가 어김없이 돌아온다는 확신이 있으면 안정감이 생긴다. 아이가 등교한 이후에 출근하고 하교하기 전에 퇴근하는 편이 가장 좋지만, 그런 직장은 거의 없다. 그래도 아이가 등교하는 모습을 확인하는 것만큼은 부모가 양보하지 않기를 권한다. 요즘 늦은 시간에 잠들어 아침에 늦잠을 자고 혼자 학교 갈 준비를 하는 아이들이 꽤 있다. 그러다 보면 준비물을 빠뜨리거나 지각을 하게 되는데, 그런 일이 쌓이면 점점 학교 가기가 귀찮아져 적응 문제가 생길 수 있다. 가급적이면 아침에 아이와 같이 집을 나서거나 아이가 학교에 잘 가는지 지켜본 뒤에 출근할 수 있도록 시간을 조정하자. 정 어려우면 등교하는 아이와 전화 통화라도 하자.

이사 문제는 아이와 상의하자

맞벌이를 하면 부모 직장 문제로 이사할 일이 종종 생긴다. 그런데 이사를 한다는 건 아이에게는 온 세상이 바뀌는 큰 사건이다. 친구나 학교뿐 아니라 자주 가는 분식집, 빵집, 학원, 카페, 병원, 문구점, 안경원 등이 송두리째 달라지는 것이다. 그래서 이사 후 적응의 어려움을 겪거나 불안이 높아지는 아이들이 생각보다 많다. 그러니 이사하는 상황에서는 아이와 미리 충분히 상의하고 사전동의를 얻어야 한다.

전업주부를 따라 하지 말자

"뱁새가 황새 따라가려다 가랑이 찢어진다"라는 속담이 있다. 전업주부를 황새라고 보면 밖에서 일하는 부모는 뱁새다. 화려한 아침 밥상을 차려주고 집 안을 깨끗하게 유지하고 공부도 똑 부러지게 시키기란 불가능하다. 황새의 걸음은 그저 참고만 하고 뱁새답게 걷자. 그래도 꼭 챙겨야 할 핵심은 챙겨야 한다. 학부모 상담 빼먹지 않기, 참관수업 참석하기(초등), 졸업식과 입학식 등 중요 행사 참석하기, 주요 시험 일정 챙기기, 학원 알아보기, 진로 의논하기 등을 꼽을 수 있다.

마지막으로, 다음 세 가지는 자칫 독이 될 수 있으니 정말 조심하길 당부한다.

생색내기

"내가 이렇게 일하는 게 다 누구 때문이야? 네 학원비 때문 아니야? 나는 너를 위해 이렇게 매일 힘들게 일하는데 너는 공부하는 게 뭐 그리 어려워?" 이렇게 생색내는 말은 절대 금물이다. 자기 나름대로 부모의 부재를 견디고 있는 아이의 수고를 무시하고 노력을 폄하하는 것처럼 들려 큰 상처를 줄 수 있기 때문이다.

요구 묵살하기

"바빠 죽겠는데 왜 자꾸 전화 걸어? 그런 건 그냥 네가 알아서 해. 이제 다 컸잖아." 아이의 도움 요청을 이런 식으로 거절하면 가용성이 뚝 떨어지고, 아이가 불안해진다. 전화를 받기 어려울 때는 메시지라도 남겨주거나, 통화 가능한 시간을 알려주고 아이가 기다릴 수 있게 해야 한다.

방치와 방관

정신없이 일하다 보면 너무 오랫동안 아이를 혼자 두어 고립감을 느끼게 할 수 있다. 이런 상황이 지속되어 부모가 미안해하는 감정마저 둔해지는 것이 최악이다. 결정적으로 아이의 정서에 악영향을 줄 수 있음을 명심하자. 이에 대해서는 이어서 좀 더 자세히 설명하겠다.

방치된 아이들,
살기 위한 거짓말

부모가 둘 다 일하느라 바쁘다 보면 어쩔 수 없이 아이가 방치될 확률이 높아진다. 밥을 챙겨주지 않고 아무런 돌봄을 제공하지 않는 수준에 이르러야 방치가 아니다. 아이의 필요를 제대로 살피지 않는 것도 넓은 의미의 방치에 해당한다. 특히 아이가 어느 정도 자랐으니 알아서 잘하겠지 싶어 마음을 놓다 보면 어느새 방치로 이어지는 경우가 많다. 그리고 방치된 아이는 '습관성 거짓말'이라는 유혹에 쉽게 빠진다.

그런데 왜 하필이면 '습관성 거짓말'일까?
아이들은 먹고 마시고 잠자고 배설하는 등의 기본욕구

외에도 수많은 욕구를 가지고 있다. 정서적으로 교감하고 싶고, 인정받고 싶고, 소통하고 싶다. 주말에는 놀러 가고 싶고, 푹 쉬고 싶다. 고민이 있거나 불안할 때 누군가에게 마음 편히 털어놓고 조언을 얻고 싶다. 하지만 부모가 바쁘면 이 모든 욕구를 충족해주기가 어렵다.

"부모가 그걸 다 어떻게 알아주나요. 자기가 해달라고 말하면 어떻게든 해줄 텐데, 그런 말을 안 하는 게 문제죠." 이렇게 생각할 수도 있지만, 바쁜 부모에게 이런 이야기를 꺼낸다는 게 사실 쉬운 일은 아니다.

게다가 거절당한 경험이 한두 번 쌓이면 부모에게 말할 용기를 내기가 더욱 어렵다. 어떤 부모들은 아이가 공부하기 힘들다고 호소해도 "그건 난 모르겠다. 엄마 아빠는 바쁘니까 너 알아서 해"라며 피하거나 "넌 그냥 공부만 하면 되는데 그거 하나 제대로 못 하냐?"라며 도리어 비난하기도 한다. 또 아이와 상의하지도 않은 채 갑자기 학원을 등록한 뒤 통보하기도 하는데, 이 모든 행동이 전혀 도움이 안 된다는 게 아이들의 토로다.

부모가 아이의 욕구를 적절히 해결해주지 않는 경험이 누적되면 아이들은 자연스레 스스로 살길을 찾는다. 이때

흔히 거짓말을 하게 된다. 처음에는 숙제를 하지 않고도 했다고 하거나, 준비물을 챙기지 않고도 챙겼다고 하거나, 학원에 안 가고도 간 척하거나 하는 수준의 유치한 거짓말들이다. 부모가 관심이 있으면 대부분은 바로 발각되어 크게 혼난 뒤 거짓말을 그만둔다.

문제는 부모가 제대로 감독을 하지 못하고 아이도 성격상 치밀한 구석이 있어서 거짓말이 지속되고 확장되는 극소수의 경우다. 부모는 아이의 거짓말을 눈치채지 못하고 아이도 구태여 부모를 실망시키지 않고도 자신이 바라는 바를 이루는 거짓 평화 기간이 지속된다. 그러다 보면 처음에 불편했던 마음이 어느새 사라지고 바쁜 부모를 위해 '좋은' 거짓말을 하고 있다며 자기합리화를 하기 시작한다. 자연스레 거짓말의 빈도와 종류와 규모가 점점 더 커진다. 이른바 리플리증후군이라 불리는 허언증으로 발전하는 것이다. 과장에서 시작해 거짓말로, 그 거짓말을 감추기 위한 또 다른 거짓말로… 습관성 거짓말은 자신조차 속여버리는 무서운 힘을 지녔다. 결국 이는 부모와의 관계뿐 아니라 주변 사람들과의 관계마저 파괴하는 최악의 결과로 치닫는다.

습관성 거짓말로 병원을 찾은 주형이도 부모가 너무 바빠 방치된 아이였다. 어릴 때만 해도 주형이는 아이들에게 인기 있고 학원도 성실하게 다니는 기특한 아이였다. 그런데 초등학교 3학년 때 부모가 맞벌이를 시작하면서 혼자 있는 시간이 늘어났다. 중학교에 진학한 뒤로 주형이 아빠 엄마는 더욱 바빠졌고, 주형이도 늦게까지 학원에 있다 보니 서로 접촉하는 시간이 줄었다.

그러던 어느 날 주형이 부모는 주형이가 자신들을 속이고 마음대로 학원을 빠지고 몰래 돈을 훔치고 게임에 빠져 있다는 사실을 알게 되었다. 큰 충격을 받은 주형이 부모는 상담 중 울기도 했지만, 정작 당사자인 주형이는 크게 심각해 보이지 않았는데, 오랫동안 습관적으로 거짓말을 하다 보니 죄책감이 둔해진 듯했다.

이런 경우 아이에게 얼마나 변화의 동기가 있느냐에 따라 예후가 크게 달라진다. 다행히 주형이는 다른 문제 행동이 없었고 학교에도 비교적 잘 적응하고 있었으며 자신의 잘못을 인지하고 변화를 희망하고 있었다. 그래서 상담을 통해 점차 제자리를 찾아갈 수 있었다. 주형이 부모도 스스로 아이를 방치했음을 인정하고 아무리 일이 바빠도 아이와 충분히 시간을 보내기로 약속했다. 행동 문제에는 단호히 대처하되 그 이면에 있는 외로움과 어려움에 귀 기울이고 동참하는 멘토의 역할을 성실히 수행하기로 했다.

　방치된 채 자란 아이는 자존감도, 자기 조절력도 부족할 수 있다. 어떻게 해야 할지 방법을 몰라서, 그저 살기 위해서 거짓말로 간극을 메우고 있는지도 모른다. 부모를 기쁘게 하기 위해, 부모의 잔소리를 덜 듣기 위해 아무렇지도 않게 학교 성적표를 조작하는, 이런 아이들을 볼 때면 그 마음속 외로움이 느껴져 마음 한구석이 짠하다.

　아이 하나를 키우는 데 온 마을이 필요하다는 말이 있다. 그런데 지금의 한국 사회는 상호 연결점이 점점 더 사라지는 듯해 아쉽다. 힘들 때 주변 사람들과 도움을 쉽게 주고받을 수 있는 사회가 되면 참 좋겠다. 아침에 갑자기 열이 나는 아이를 맡길 곳이 없어 무작정 아랫집 문을 두드려 아이를 맡기고 출근했다는 어느 엄마의 경험담처럼, 어렸을 때 부모가 늦게 퇴근하는 바람에 옆집에서 매일 저녁밥을 얻어먹으면서 마치 가족처럼 지내 그 집 아이인 줄 오해받기도 했다는 어떤 사람의 이야기처럼 말이다.

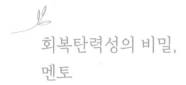

회복탄력성의 비밀,
멘토

회복탄력성resilience이라는 용어를 아는가? 요즘 부모라면 대부분 들어보았을 것이다. 그래도 혹시 모르는 사람들을 위해 소개하자면, '회복탄력성'이란 원래 어떤 물체가 제자리로 돌아오는 힘, 즉 회복력을 뜻하는데 심리학에서는 시련이나 고난을 이겨내는 긍정적인 힘을 가리키는 개념으로 쓰인다. 국내에는 《회복탄력성》이라는 책을 통해 널리 알려졌는데, 이는 지금도 내가 환자들에게 가장 많이 권하는 책 가운데 하나다.

그런데 회복탄력성이 도대체 맞벌이와 무슨 상관이 있길래 갑자기 이 이야기를 꺼내는지 의아할 것이다. 결론부터 말하자면 맞벌이와 회복탄력성은 아주 긴밀한 연관성이 있다. 아니, 정확히는 맞벌이로 인한 양육 공백을 극복하는 데 이 회복탄력성 개념이 큰 도움이 된다.

이해를 돕기 위해 먼저 회복탄력성 개념을 등장시킨 하와이 카우아이섬의 연구를 소개하겠다. 1955년 카우아이 섬은 가난, 폭력, 범죄, 알코올의존 등 사회경제적으로 가장 열악한 환경을 대표하는 곳이었다. 여기서 태어난 신생아 833명을 대상으로 한 30년간의 추적연구는 열악한 성장환경이 아이에게 심각하게 부정적 영향을 미친다는 뻔한 결론을 수치로 확인해주었다. 그러나 최악의 조건에 해당하는 고위험군 중에서 3분의 1은 아주 건강하게 성장했을 뿐 아니라, 어떤 아이들은 심지어 너무 뛰어나서 학교에서 임원을 놓치지 않고 최우수 학생으로 뽑히기까지 했다.

이 놀라운 사실에 주목한 연구진은 역경을 딛고 다시 튀어 오르는 '회복탄력성'이라는 개념을 확립하게 되었다. 그리고 그 핵심 요인이 인간관계에 있으며, 회복탄력성이 높은 아이들의 공통점은 그 아이의 입장을 무조건 이해하고 받아주는 어른이 적어도 한 명은 있었다는 점이라는 놀라운 결론을 발표했다. 감동적이지 않은가? 처음 이 이야기를 읽고 엄청나게 흥분했던 기억이 아직도 생생하다.

모두가 우려하는 악조건에서도 아이를 잘 이해하고 받아주는 존재가 있으면 아이가 잘 성장할 수 있다는 이 메시지를 맞벌이 부모들이 꼭 기억해주길 바란다. 이 개념이 '멘토'라는 용어와 아주 유사하다고 여겨져서 이 책에서는 앞으로 그냥 '멘토'로 통칭하려 한다. 어쨌든 회복탄력성이 높은 아이로 만드는 비법이 바로 멘토의 존재에 있다는 것으로 요약할 수 있다.

멘토가 부모가 되면 제일 좋지만 조부모가 될 수도 있고 근처에 사는 이모나 삼촌이 될 수도 있고 교사가 될 수도 있다. 어떻게 보면 애착 대상과 비슷한데, 한 사람이 쭉 해줄 수 있으면 좋지만 그렇지 않아도 아이가 필요로 할 때마다 적절한 도움을 줄 수 있는 멘토들이 곁에 있어주는 것만으로 충분하다.

내가 이토록 자신 있게 얘기할 수 있는 건 특히 첫째를 키운 경험 때문이다. 다른 맞벌이 부부처럼 나 또한 아이들과 함께하는 시간이 부족했다. 첫째를 낳고 바로 의대에 입학한 나는 생후 3개월 때부터 낮에는 베이비시터에게 아이를 맡겨야 했다. 공부 때문에 늦게 들어오는 날은 남편이 혼자서 아이를 책임져야 했고, 둘 다 늦는 날은 베이비시터 집에서 잠든 아이를 데려와야 했다. 아이를 사랑하고 예뻐했지만 고단한 날들이었다.

결국 시부모님이 같이 살면서 아이를 봐주시기 시작하고 나서야 우리의 생활도 안정을 찾았다. 바쁜 부모 때문에 할아버지 할머니와 오랜 시간을 보내야 했고, 여기저기 이사 다니며 적응하느라 고생했던 아이들을 생각하면 지금도 미안한 마음이 든다. 지금 알고 있는 것을 그때 알았더라면 좀 달랐겠지만, 그 당시에는 잘 몰랐기에 용감하게 저지를 수 있었다.

첫째는 특히 여러모로 마음고생이 심했는데도 정말 밝게 잘 자라주었다. 한번은 회복탄력성 테스트를 열심히 해보더니 높은 점수가 나왔다며 자랑한 적이 있었는데, 그 놀라운 회복탄력성의 가장 큰 공헌자는 단언컨대 할머니다. 첫째는 힘든 일이 있을 때 부모인 우리와도 잘 상의하긴 하지만 진짜 속상한 이야기는 할머니에게 털어놓는다. 할머니 목소리를 들으면 마음이 편안해진다고 한다. 그리고 할머니 외에도 첫째에게는 때마다 적절한 조언을 해준 멘토가 많았다.

그분들 덕분에 지금 이렇게 안정되고 자신감 있는 아이로 잘 성장했음을 나는 부모로서 잘 알고 있다. 이 자리를 빌려 그분들에게 감사 인사를 전한다. 지금도 첫째는 자신의 멘토들과 종종 연락하고 직접 만나며 즐거운 시간을 보낸다. 멘토 덕분에 회복탄력성이 높아지고, 그 멘토와 지속적으로 소통하며 더욱 성장하는 선순환이 보인다.

여기서 자랑을 하려는 것은 절대 아니다. 핵심은 부모가 모든 책임을 질 필요가 없다는 것이다. 아이가 멘토를 찾을 수 있게끔 신경만 써줘도 충분할 수 있다. 특히 사춘기 아이에게는 멘토가 꼭 필요하다. 부모에게 말하지 않는 것들도 멘토에게는 털어놓는다. 그럴 때는 괜히 샘내지 말고 기뻐해주자. 학교 선생님, 학원 선생님, 과외 선생님, 태권도 관장님, 친척 어른, 동네 어른… 내 아이를 반겨주고 사랑해주는 따뜻한 사람들은 주변에 많을수록 좋다. 자연스럽게 만나지 못하는 상황이라면 어떻게든 적당한 멘토를 연결해줄 수 있도록 노력하자.

그리고, 적당한 사람을 찾기가 너무 힘들다면 반려동물이나 취미 활동이라도 찾아봐주자. 조언은 못 해줘도 안정

감은 줄 수 있다. 아무튼 아이의 마음에 외로움이 스며들지
않도록 살펴주는 게 중요하다.

1 맞벌이를 시작하기에 앞서 득과 실을 잘 따져보고 단단히 준비하자. 부모의 가용성과 친밀감 감소를 대비하자.

2 맞벌이를 득으로 만들기 위한 팁
① 일보다 아이와의 관계가 먼저다
② 부모 공백을 메울 대안을 만들어두자
③ 출퇴근 시간을 잘 정하자
④ 이사 문제는 아이와 상의하자
⑤ 전업주부를 따라 하지 말자

3 맞벌이가 독이 되게 하는 행동
① 생색내기
② 요구 묵살하기
③ 방치와 방관

4 부모뿐 아니라 멘토의 존재가 매우 중요하다. 부모가 채워줄 수 있는 부분을 멘토가 메워줄 수 있으니, 적당한 멘토들을 물색해 연결해주자.

7장

1년에 5센티미터씩 멀어지기

건강한 거리두기가 필요하다

사람과 사람 사이의 안전한 거리는 얼마 정도일까? 코로나 19 팬데믹 시기에 감염을 예방하기 위한 물리적 거리두기는 2미터였다. 그렇다면 심리적으로 안전한 거리는 얼마일까? 미국의 인류학자 에드워드 T. 홀Edward T. Hall은 《숨겨진 차원》에서 자신의 연구를 소개하며 가족이나 연인 같은 밀접한 관계는 '친밀한 거리intimate space'로 0~46센티미터 정도가 적당하고 지인이나 동료 같은 관계는 '개인적 거리personal space'로 46~120센티미터 정도가 적당하다고 했다. 실제로는 개인마다 차이가 있고 나라와 문화에 따라서도 다르겠지만, 사람과 사람 사이의 심리적 거리를 수치로 나타냈다는 것 자체로 흥미롭다.

그런데 이 연구를 보며 문득 궁금한 점이 생겼다. 가족 간 친밀한 거리가 0~46센티미터라면, 사춘기에 부모와 자녀 사이 거리는 몇 센티미터가 적당할까?

참으로 어려운 문제다. 어쩌면 사춘기는 부모와 자녀의 관계가 0센티미터에서 46센티미터로 서서히 멀어지는 시기일지도 모르겠다.

한시도 손에서 떨어뜨리지 못하는 아기 때 부모와 자녀의 거리는 0센티미터일 것이다. 부모가 아이의 얼굴을 비비고 껴안는 스킨십이 너무나 자연스럽고, 아이도 어딜 가든 부모 손을 잡고 다니고 무릎에 앉고 꼭 붙어 있으려 한다. 초등학생 때는 그 정도가 덜해지지만 여전히 부모와 아주 가까이 머물러 있기에 임의로 10센티미터라고 하고, 성인이 된 자녀와의 거리는 친밀한 거리 중 가장 먼 46센티미터라고 해보자.

만일 일정한 속도로 멀어진다면, 사춘기가 시작되는 대략 초등학교 6학년 때부터 고등학교 3학년 때까지 7년간 매년 5센티미터씩 멀어진다는 계산이 나온다. 말장난 같겠지만 사춘기에 부모가 지나친 통제와 방임을 혼란스럽게 오가며 문제에 부딪히는 현실을 고려하면, 이런 거리 개념이 도움이 될 수 있을 것 같다. 매년 5센티미터씩, 건강한 거리두기를 실천한다고 여기는 것이다.

이 장에서는 아이와의 건강한 거리두기를 마음속에 새기기 위해 도움이 될 만한 이야기를 해보려 한다.

태양계 질서의 비밀,
적당한 거리두기

1998년에 개봉한 마이클 베이 감독의 SF영화 〈아마겟돈〉을 기억할지 모르겠다. 지구에 충돌하려는 소행성을 제거하기 위해 나선 굴착 전문가들의 희생적인 도전을 다룬 작품으로, 브루스 윌리스가 주황색 우주복을 입고 동료들과 함께 천천히 걸어 나오는 장면이 특히 유명하다. 이 영화는 당시 노스트라다무스의 지구 멸망 예언 등과 맞물린 시점에 사람들의 불안을 자극하며 크게 흥행했다. 다행히 영화는 영화일 뿐, 실제로 지구에 행성이 충돌할 가능성은 극히 낮다고 하니 안심이다.

그런데 사춘기 때 심한 갈등을 겪는 가정을 상담하다 보면 그 규모가 가히 행성 충돌급이라는 생각이 들 때가 종종 있다. 평화로이 공존하던 부모와 자녀가 한순간에 충돌하여 다친다. 폭발이 일어나는 와중에도 왜 이런 일이 벌어지고 있는지, 어떻게 해야 하는지 들여다볼 틈도 없이 싸움의 소용돌이 속으로 빠져든다. 폭언, 신체적 폭력, 가출 같은 문제까지 동반되면 그야말로 양쪽 모두 만신창이가 된다. 결국 승자 없는 전쟁이다.

이때 가장 효과적인 해결책이 바로 태양계의 비밀이라고 할 수 있는 '거리두기'다. 일단 거리두기를 해야 문제의 실마리가 보인다.

거리두기가 왜 태양계의 비밀이냐고? 우리가 살고 있는 태양계를 한번 살펴보자. 이제 공식적으로 여덟 개인 태양계의 행성들은 저마다 자전과 공전을 쉴 새 없이 반복하면서도 평화롭게 질서를 유지하고 있다. 행성이 움직이는 속도는 무척 빠른데, 지구의 공전속도만 해도 초당 약 30킬로미터에 이른다. 이토록 빠르게 움직이는데도 여러 행성과 각각의 위성들이 서로 위협이 되지 않는 이유는, 바로 적절한 거리두기 때문이다. 각각의 행성은 자신에게 주어진 공식을 충실히 따른다. 만약 어느 행성이 그 공식을 무시하고 다른 속도로 공전하거나 본래 궤도를 벗어난다면 영화에서나 볼 법한 대재앙이 일어날지도 모르지만 그럴 확률은 거의 없다.

사춘기 아이와 부모의 관계도 태양계의 질서와 비슷한 면이 있다. 아이는 아이의 삶에서, 부모는 부모의 삶에서 최선을 다하며 건강한 거리를 유지해야 한다. 각자의 궤도에서 차분하게 생각해보면, 부모와 자녀가 충돌하는 문제는 옳고 그름이 아니라 기호나 가치관 차이에서 기인하는 경우가 대부분이다. 이렇게 서로를 있는 그대로 인정하려면, 부딪히지 않고 떨어진 채로 관찰할 수 있는 건강한 거리가 필요하다.

태양을 너무 가까이하면 타 죽을 수 있다. 반면 태양을 너무 멀리하면 얼어 죽을 수 있다. 태양과 적당한 거리를 유지하며 인류에게 삶의 터전이 되어주는 지구를 생각하며, 사춘기 아이와 부모 사이의 적당한 거리를 고민해보자.

코로나19가
우리에게 알려준 것

2019년 갑작스레 등장해 전 세계를 순식간에 혼란에 빠뜨린 코로나19. 백신도, 치료제도 없이 우왕좌왕하며 두려움에 떨던 상황에서 그나마 무력감을 덜어준 조치는 마스크 착용과 사회적 거리두기였다. 그리고 이 조치 이후 한국 사회의 분위기도 굉장히 많이 바뀌었다.

예전에는 마스크를 쓴 사람들을 유난스럽다며 이상하게 본 것 같은데, 코로나19 팬데믹 이후에는 마스크 쓰지 않는 사람들을 비난하는 묘한 풍경이 곳곳에서 벌어졌다. 회사나 학교에서는 휴가나 결석을 비교적 너그럽게 받아들이게 되었다. 재택근무나 비대면 회의, 온라인 중심 활동이 늘어나고 개인의 사생활을 중시하게 되었다. 최근엔 재택근무를

하지 않으면 퇴사하겠다는 직원들까지 있다고 하니 격세지
감이다.

진료실에서 느끼는 가장 큰 변화는 뭐니 뭐니 해도 명절
스트레스의 감소 현상이다. 코로나19 팬데믹 시기에 명절
스트레스를 호소하는 환자들이 급감했는데, 정신과 의사인
나에게 이는 마치 빙하기에 공룡들이 갑자기 사라진 것처
럼 놀라운 현상으로 다가왔다. 몇 년 전만 해도 설이나 추석
전에 병원에 입원하는 며느리들이 심심찮게 있었고, 명절이
끝나고 나면 각종 스트레스와 갈등 문제로 환자들이 넘쳐
났다. 그런데 상황이 180도 달라졌다. 명절 스트레스가 거
의 없어져서 물어보기가 어색할 정도다. 가족 모임이 많이
없어진 데다 모이더라도 적은 인원이 짧은 시간 만나기 때
문에 스트레스요인 자체가 줄었다. 적당한 거리를 두니 건
강한 공존이 가능해진 듯하다.

부모와 자녀 사이에도 당연히 거리두기가 필요하다. 그
런데 어느 정도가 적절할까?

앞서 46센티미터 이내라고 말했지만, 어디까지나 비유일
뿐 현실에서 적용하려면 쉽지 않다. 애가 뭘 하든 신경 쓰지

말아야 하나? 잘못해도 그냥 지켜보라는 건가? 도움을 청해도 알아서 하라고 해야 하나? 생각할수록 답답함과 불안함이 밀려온다. 대체 뭐가 정답일까?

당연히 정답은 없다. 그 대신 먼저 이런 질문을 던져보자. 적절한 거리를 둔다는 것의 의미는 뭘까? 왜 이것을 중시해야 할까?

여러 차례 언급했듯 '적절한 거리＝아이가 개별적 존재라는 것에 대한 인정과 존중'이기 때문이다. 즉 아이가 성장하여 어엿한 성인으로 제 몫의 인생을 살아가려면 부모와 분리된 자신만의 생각, 공간, 경험이 필요하다.

그런데 부부 사이가 좋지 않을수록, 가족이 역기능적일수록 아이와의 분리를 힘들어하는 경우가 많다. 부모 중 한쪽이 감정적으로 아이에게 의존하는 경우도 마찬가지다. 그래서 가족치료의 선구자 머리 보웬Murray Bowen은 개별성individuality을 특히 강조했다. 아이와 부모가 삼각관계에 놓이는 것을 매우 경계하며 아이가 부모에게서 독립해야 진정한 성장과 치유가 일어난다고 설명했다. 역으로 보면, 건강한 가정에서는 어느 정도 노력하면 아이와 자연스러운 거리두기를 할 수 있다는 뜻이다.

아이를 놓아야 한다는 걸 머리로는 알겠는데 실행하기가 어렵다고 느끼는 부모들이 알아두어야 할 점이 있다. 바로 거리두기에도 방법과 기준이 필요하다는 것이다. 무작정 놓아버리라는 얘기가 아니다. 긍정적 양육 태도는 일정 수준 이상 높게 유지하면서, 과도한 간섭이나 통제 같은 부정적 양육 태도는 낮추어야 한다. 그리고 아이의 적절한 성취를 독려하기 위해 단계적 목표와 보상을 연결해 전략적으로 다가가는 멘토링 자세를 취하는 편이 좋다.

부부 간의 양육 태도가 지나치게 다를 경우 또는 좀 더 세세한 코칭이 필요할 경우, 각종 기관이나 클리닉에서 양육 태도 관련 검사를 받아보기를 추천한다. 가장 널리 이용되는 검사는 '부모 양육 태도 검사'(임호찬, 2008)다. 부모의 양육 태도를 총 여덟 가지 요인(지지 표현, 합리적 설명, 성취 압력, 간섭, 처벌, 감독, 과잉 기대, 비일관성)으로 분류하여 측정하는데, 양육 태도를 세부적으로 나누어 진단하고 개선 방향을 제시해준다는 점에서 임상적으로 꽤 유용하다. 여기에 부모와 자녀의 성격적 특성과 정서 상태 등 추가 검사를 병행하면 더 좋다. 그러니 그저 막막하다는 생각이 든다면 전문가를 찾아가자.

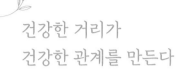

건강한 거리가
건강한 관계를 만든다

"학원에 대해서는 아이의 의견을 따라보기로 했어요. 숙제가 많지 않은 곳으로 옮겼더니 저도 잔소리할 일이 없고 관계도 더 좋아졌어요. 진작 아이 말을 들을 걸 제가 너무 못 놓았나 봐요. 아이도 열심히 잘 다니고. 지금은 아이랑 너무 평안하고 좋아요."

"매번 아이와 같이해야 한다는 강박관념이 있었던 것 같아요. 모든 걸 같이하려 하니 아이는 힘들어하고 짜증 내고, 저는 저대로 답답했죠. 요즘은 주말에 각자 보내기도 하고 같이 보내기도 하며 시험해보고 있어요. 그러니 아이도 더 좋아하고 함께할 때도 분위기가 더 나아졌어요."

"늘 제가 시험범위며 문제집 챙기고, 하기 싫다는 애 붙

잡고 시키느라 난리였는데, 선생님 말씀대로 그냥 혼자 하게 됐더니 이번에는 웬일로 자기가 먼저 시험 공부하겠다고 나서네요. 저더러 도와달라고 하는데 이제는 전처럼은 안 하려고요. 자기 인생이니까 자기가 깨달아야 하는 게 맞는 것 같아요."

"요즘은 아이가 거실로 자주 나와요. 슬쩍 옆에 앉아서 같이 TV도 보고요. 저도 요즘은 잔소리 덜 하고 그냥 좋은 말 많이 하려고 노력해요. 예전에 문 잠그고 하루 종일 안 나오던 때는 할 수 있는 것도 없고 정말 막막하고 힘들었는데, 지금은 행복하네요."

진료실에서 쏟아지는 증언들을 통해 건강한 거리두기가 내 예상보다 훨씬 더 강력하다는 사실을 실감한다. 갈등을 겪으며 파괴되었던 부모 자녀 관계와 가족의 일상이 회복되는 과정을 함께할 수 있는 것은 주치의의 특권이면서, 더 열심히 일하게 하는 원동력이 되어준다.

물론 모두가 이런 회복을 경험하는 것은 아니다. 아이와의 힘겨루기에서 이기겠다는 고집을 내려놓고 새로운 관계에 적응하겠다는 결심을 해야 하며, 기본적으로 부모와 자녀 사이의 신뢰와 친밀함에 대한 욕구가 있어야 가능하다. 또한 정신과 의사를 만나고 나면 곧바로 긍정적인 변화가 나타나리라 오해하는 사람들이 흔한데, 적어도 몇 달, 때로는 몇 년 동안 지난한 과정을 거쳐야 비로소 이런 변화에 이를 수 있다.

그렇다면 건강한 거리두기는 어떻게 건강한 관계로 이어지는 걸까? 이에 대해 내가 환자들을 만나며 나름대로 생각해본 바는 다음과 같다.

우선, 한 개인이 성장하면서 자신만의 생각과 특성을 구현하려면 개인적 공간이 어느 정도는 확보되어야 한다. 사춘기 아이들이 가장 많이 호소하는 고민 중 하나가 '혼자 있고 싶다'라는 것이다. 하교 후 집에서 좀 쉬고 싶은데 방까지 따라 들어와 이것저것 꼬치꼬치 묻는 부모의 관심이 간섭처럼 느껴진다는 것이다. 특히 혼자 있는 시간이 꼭 필요한 내향적인 아이들이 외향적인 부모를 상대해야 할 경우 더 힘들어한다. 그러니 아이가 학교에서 돌아오면 "잘 다녀왔니? 수고했다" 하며 짤막한 말과 환한 미소로 반겨주는 정도로 끝내자. 그리고 나서 아이가 자발적으로 방에서

나올 때까지 잠자코 지켜보자. 아이가 말하고 싶으면 나오리라는 믿음으로 기다리면 된다.

두 번째, 일정한 거리가 유지되면 상대에 대해 부정적인 표현을 덜 하게 된다. 직장에서 동료에게 "살찌니까 그만 먹어", "쉴 생각만 하지 말고 일 좀 해", "생각 좀 하고 살아" 하며 부정적인 말을 쏟아내는 사람이 있을까? 그런 사람은 사내 괴롭힘으로 신고당하기 십상일 것이다. 그런데 부모는 자녀와 가깝다는 핑계로 너무도 쉽게 이런 말을 건넨다. 정말 그래도 될까? 직장에서 무신경한 폭언을 견딜수 없듯이, 부모가 아무 때나 방에 불쑥 들어와서 늘어놓는 부정적인 잔소리도 용납하기 힘들다. 그러니까 건강한 거리두기를 한다는 건 아이의 방에 노크를 하고 들어간다는 뜻이다. 아이가 준비되지 않은 상황에서 잔소리를 늘어놓지 않도록 조심한다는 뜻이다. 말을 좀 더 부드럽게 한다는 뜻이다. 거리두기가 필요하다고 인식하는 것만으로도 자연스레 이런 행동을 실천하게 되는 경우가 많다.

마지막으로, 거리가 멀수록 똑같이 부정적인 상호작용을 하더라도 영향을 덜 받는다. 물리법칙 중에 역제곱 법칙 inverse square law이라는 것이 있다. 어떤 힘이 거리의 제곱에 반비례하는 경우로, 거시적으로는 태양계에 속하는 만유인력이, 미시적으로는 입자들 사이에 작용하는 전자기력이 여기에 속하며, 거리가 멀수록 그 영향력이 급속도로 감소하는 특징을 보인다. 즉 거리가 두 배, 네 배, 여덟 배로 멀어지면 영향력은 4분의 1, 16분의 1, 64분의 1로 급감한다는 것이다. 그 이유는 힘이 퍼져 나가는 면적으로 분산되기 때문인데, 경험적으로 볼 때 이 원리가 인간관계에도 적용되는 듯하다.

부모도 사람이니 감정적인 모습을 보일 수도 있고 부정적인 말을 내지를 수도 있는데, 그럴 때 아이와 너무 밀착되어 있으면 아이가 심리적 상처를 크게 받아 부모 자녀 관계가 심각하게 흔들린다. 반면 일정한 거리가 확보되어 있으면 아이가 부모를 상대적으로 객관적 위치에서 바라볼 수 있기에 어느 정도는 감내하고, '엄마가 갱년기라서 요즘 화가 많은가 보다' 하고 넘어가는 여유를 부릴 수 있다.

그러니 지금 혹시 아이와 고통스러운 시간을 보내고 있다면 잠시 거리를 두고 지켜보자. 도무지 끝날 것 같지 않은 갈등 상황에서 건강한 거리두기가 문제를 푸는 열쇠가 되어줄 것이다. 스트레스 관리의 기본 원칙 가운데 하나인 '내려놓기'도 건강한 거리두기의 일환에 해당하니 오늘부터 당장 실천해보자.

1 적절한 거리를 두고 각자 자신에게 주어진 공식에 충실하게 움직이는 태양계처럼 사춘기 부모와 자녀 간에도 건강한 거리두기가 필요하다.

2 적절한 거리란 아이가 개별적 존재라는 것에 대한 인정과 존중이다. 건강한 가정에서는 약간만 노력해도 아이와의 자연스러운 거리두기가 가능하다.

3 건강한 거리두기에도 방법과 기준이 필요하다. 좀 더 세세한 코칭을 원한다면 양육 태도와 관련된 검사를 받아보자.

4 건강한 거리가 건강한 관계를 만드는 이유는 개인적 공간이 확보되고, 부정적 표현을 덜 하며, 부정적 영향을 덜 받기 때문이다.

8장

영원한 사랑은 있어도 영원한 책임은 없다

육아의 끝은 결국 독립

아이들이 어릴 때 영어 동화책 읽기 붐이 일면서 구입했던 책들 중에 내가 제일 좋아하는 작품이 있다. 바로 로버트 먼치Robert Munsch의 《언제까지나 너를 사랑해Love you forever》라는 그림책이다.

이야기는 갓 태어난 아기를 안고 있는 엄마가 자장가를 불러주는 장면으로 시작한다. 아이가 자라면서 말썽을 피우고 미칠 정도로 힘들게 해도, 그리고 어른이 되어도 엄마는 늘 같은 마음이라는 내용이다. 아들이 늙은 어머니를 안고 노래를 부르고 이후 자신의 아이에게도 같은 노래를 불러주는 것으로 끝이 나는데, 볼 때마다 감동이 밀려와 눈물을 흘리곤 한다. 아마도 아이를 끝까지 사랑하고 싶은 소망과, 아이를 무조건적으로 사랑하기가 녹록지 않은 부모의 현실이 투사되어서이리라.

진료실에서 만나는 부모들은 하나같이 비슷한 하소연을 늘어놓는다. 사랑해주려 낳았고, 영원히 사랑해주며 잘 키우고 싶은데, 그게 쉽지 않아 너무 속상하다. 그래서 자책도 하게 되고 부부 싸움도 하게 된다. 아이를 사랑하는데 뜻대로 잘 안 된다고. 어떻게 해야 할지 모르겠다고. 영원히 끝나지 않을 것 같은 육아의 긴 터널 속에서 길을 잃고 우울해진 부모들도 많다.

하지만, 분명히 끝은 있다. 그리고 아이가 다 자란 뒤에야 비로소, 아무리 노력해도 부모라는 존재가 아이를 전부 다 책임질 수 없음을 인정하게 된다. 부모는 신이 아니라 사람이니까 말이다. 설령 부모가 완벽하게 도와줘서 아이가 뛰어난 성적을 받아도, 좋은 대학이나 직장에 들어가도, 남들보다 부유해져도, 그것이 꼭 행복으로 연결되진 않는다는 현실도 깨닫는다. 아이에게는 결국 아이 몫의 삶이 있다는 진리를 알게 되는 것이다.

게다가 현실적인 한계도 있다. 사람은 다 늙는다. 나이가 들어도 아이를 사랑할 수는 있지만 젊었을 때처럼 책임질 수는 없다. 거꾸로 아이에게 기대야 하는 시기가 온다.

그러기에 육아 터널 속에서 길을 잃은 부모들이여, 육아의 끝은 아이의 독립임을 기억하자. 그 목표를 꼭 붙들고 있으면 올바른 방향을 잡고 나아갈 수 있을 것이다.

모든 생물은 후손을 남긴다

중학교 과학 시간에 '종족 번식은 생물의 본능'이라는 이야기를 접하고 굉장히 생경하게 여겼던 기억이 난다. 소나무가 죽기 전에 오히려 솔방울을 더 많이 맺는 현상이 바로 자손을 남기려고 마지막 힘까지 짜내는 것이라는 설명과, 연어가 힘들게 강을 거슬러 올라가서 알을 낳자마자 죽는다는 설명을 듣고, 어린 마음에 '자손이 뭐라고, 그렇게 죽을힘까지 다 쏟나' 하는 의문이 들었다.

이후 시간이 흘러 어른이 되고 나서 두 아이를 낳아 키우다 보니 이 말이 매우 다르게 와닿는다. 평생 가장 보람 있는 일을 꼽으라면 나는 주저 없이 두 아이를 기른 일이라고 말할 것이기 때문이다. 물론 인간은 너무나 복잡한 존재이기에 자손을 낳고 기르는 것 말고 다른 보람이나 가치를 찾는 경우도 많을 것이다. 하지만 적어도 내 경험 기준으로는 출산과 육아가 엄청나게 의미 있는 일이었다.

미국의 정신분석학자 에릭 에릭슨Erik Erikson은 심리사회적 발달단계를 나누며 40대 이후인 성인기 중기에는 다음 세대를 생산하고 가치를 전달하는 등 생산성을 발달시켜야 하고 이런 과제를 제대로 수행하지 못하면 침체된다고 했다. 그만큼 생산성의 중요성을 강조한 셈이다. 이런 맥락에서도 대부분의 부모들은 육아가 인생에서 매우 특별하고 보람 있는 일이었다는 말에 크게 공감할 것이다.

어쨌든 자연계의 모든 생물은 후손을 남긴다. 이는 우리에게 익숙한 출산, 산란, 발아(씨), 뿌리 번식뿐 아니라 아메바의 이분법, 히드라의 출아법 등 아주 다양한 방식을 통해

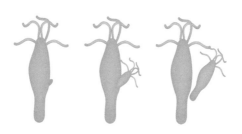

히드라의 출아법

이루어진다. 그중에서도 히드라는 어미 몸에서 혹 같은 것이 생겨 자라다가 분리되는 식으로 번식한다. 여기서 질문이 하나 있다. 히드라의 번식은 어느 시점에 끝난다고 볼 수 있을까? 혹(버드)이 튀어나왔을 때? 모체에 붙은 채로 어느 정도 성장했을 때? 아니다. 이때는 독립적 생존이 가능하지 않으므로 번식이 완료되었다고 볼 수 없다. 진정한 의미의 번식은 모체에서 떨어져 나온 순간에 마무리된다. 그러니까 모체에서 자라나는 과정은 분리를 위한 중간단계일 뿐, 결국 분리되는 것이 최종 목표다.

사람도 마찬가지다. 자녀가 어릴 때는 부모에게 전적으로 의지하지만, 점차 성장하는 과정을 거친 끝에 분리된 하나의 개체가 된다. 이것이 번식의 진정한 완성이다. 그러므로 부모는 아이를 보며 언젠가 분리되어 성인이 되는 시기를 염두에 두고 양육해야 한다.

또한 분리가 끝나면 독립적으로 생활하는 것이 자연의 섭리라는 점도 기억해야 한다. 혼자 살기 힘들다고 모체로 되돌아가는 일은 자연계에서 존재하지 않는다. 한번 분리되면 어떻게든 별도의 개체로서 자기 자신을 책임지며 살아내야 한다.

언제까지 책임질 수 있나요?

"우리 애가 뭐가 부족한 건지…. 공부 잘해서 좋은 대학 나와 버젓한 직장에 다니고 있는데, 마흔이 넘도록 결혼을 안하고 있어요. 아들 생각만 하면 가슴이 답답해요." 늘 단정한 차림의 고상한 부인 정숙 씨는 오늘도 아들만 결혼하면 아무 걱정이 없겠다며 한숨을 폭 내쉬고 갔다. 일흔이 넘어도 자녀 걱정뿐인 정숙 씨의 안타까운 모정에 공감하면서도 내게는 한 가지 의문이 스쳤다. 아들이 결혼하면 과연 정숙 씨의 근심은 사라질까? 아쉽게도 그간 경험으로 볼 때 정숙 씨는 아들이 결혼한 후에도 여전히 불안해할 가능성이 높았다. 아이는 언제 낳을지, 부부 사이는 괜찮은지, 혹시 이혼이라도 하는 건 아닌지….

정숙 씨처럼 많은 부모들이 사랑이라는 이름으로 자녀들을 걱정하고 간섭한다. 하지만 사실 정숙 씨의 걱정은 지금의 아들에게는 짐이 될 뿐 전혀 도움이 되지 않는다. 설사 정숙 씨가 좋은 배우자감을 소개한들 생각한 대로 일이 풀리겠는가? "중매를 잘못 서면 뺨이 석 대"라는데, 혹시라도 아들이 결혼 생활을 불만스러워하며 부모를 원망하면 어쩌겠는가? 결혼은 아들이 결정할 문제이지 엄마인 정숙 씨가 책임질 부분이 아니다. 책임질 수 없으면 걱정도 내려놓아야 한다.

거듭 이야기하지만, 자녀가 성인이 되면 본인이 인생을 책임져야 한다. 인생을 대신 살아줄 수 없듯 책임도 대신 져줄 수 없다. 그것이 인간인 부모가 인정해야만 하는 엄연한 한계이자 현실이다.

상담을 하다 보면 타지에서 대학 생활을 하며 혼자 살다가 취업 준비를 위해 본가로 돌아와 부모와 사는 청년들을 종종 만난다. 자기소개서는 물론이고 자격증, 어학 시험, 연수나 인턴 경험 등 준비할 것이 워낙 많은 데다 취업 경쟁률도 높다 보니, 지치고 위축되는 건 당연해 보인다. 그런데, 이런 청년들이 취업 스트레스 못지않게 간절히 호소하는 문제가 바로 부모와의 갈등이다.

자녀 입장에서는 그동안 혼자 살며 누렸던 자유가 줄어드는 느낌을 받는다. 평소처럼 늦잠을 자고, 자유롭게 친구를 만나고, 힘들 땐 술도 한잔하고 집에 늦게 들어오면 좋겠는데 자꾸만 부모의 시선이 느껴져 불편하다. 그와 동시에 어릴 때처럼 전적으로 헌신하거나 지지해주지 않는 태도가 섭섭하기도 하다. 한편으론 대학 졸업 후에도 경제적으로 부모에게 의존하는 것에 대한 죄책감도 든다. 이 모든 불편한 감정이 합쳐져 부모를 슬슬 피하기도 한다.

부모는 부모대로 이런 상황이 버겁다. 자녀와 다시 함께 살게 되면서 그간 내려놓았던 집안일 부담이 다시 늘어났는데, 갱년기가 겹쳐 체력적으로 더 힘들다. 그렇다고 티를 내지는 못하고 알아서 눈치껏 처신하기를 바라는데, 집안일은 부모가 해주겠거니 하며 전혀 도울 생각이 없는 듯한 자녀의 태도에 화가 폭발한다. 취업 준비 중이라면서 불규칙하게 생활하는 것도 마음에 안 들고, 묘하게 여유롭고 느슨해 보이는 태도도 눈에 거슬린다.

이 불편한 동거에서 비롯된 부모와 자녀의 불안과 스트

레스를 해소하려면, 지금 상황에 맞게끔 부모와 자녀 사이 거리를 조정할 필요가 있다.

경제적, 심리적으로 부모에게 의존하며 동거하는 성인 자녀를 두고 '캥거루족'이라 부른다. '패러사이트 싱글parasite single'(일본), '트윅스터twixter'(미국), '부메랑 키즈boomerang kids'(캐나다) 등 각국에 유사 용어가 있을 정도로 세계적인 현상이다. 취업난, 주택난, 경제난 등이 겹치면서 이런 현상이 고착화되며 증가하는 추세다. 이는 부모 세대의 고령화 문제와 함께 커다란 사회적 문제로 대두되고 있다. 성인 자녀를 책임져야 하는 부모의 부담이 얼마나 큰지 보여주는 두 가지 사례가 있어 소개해보려 한다.

첫 번째 사례는 2018년 미국 뉴욕주에 살고 있는 부부가 서른 살 아들에게 집에서 나가달라고 요구한 소송사건이다. 아들은 8년 동안 무직 상태로 부모의 집에서 지냈는데, 부모가 여러 번 집에서 나가라고 설득했으나 번번이 무산되었고 결국 소송에까지 이른 것이다. 결과는 부모의 승소로 끝나 아들은 집을 나가게 되었다. 그렇지만 이 뉴스를 접하고 오죽하면 부모가 자녀를 상대로 소송까지 했을까 하는 생각이 들어 씁쓸한 마음을 떨치기 어려웠다.

두 번째 사례는 2019년 일본 도쿄에서 70대 아버지가 은 둔형외톨이인 40대 아들을 살해한 사건이다. 살해자인 아 버지가 전직 차관 출신으로 밝혀져 일본 전체가 충격에 빠 졌다. 아들은 평소 게임에 빠져 폭력적인 행동을 했다고 하 는데, 노령의 부모가 심리적으로 얼마나 부담스러웠으면 그 런 극단적인 선택을 했을지 짐작만 해볼 뿐이다.

물론 부모와의 동거가 무조건 나쁘다는 말은 아니다. 자 녀가 성인이 된 후에도 필요하면 부모가 품어주고 지원해 줄 수는 있다. 실제로 나 또한 시부모님이 도와주신 덕분에 아이들을 키우면서 일을 할 수 있었다.

문제는 성인이 된 자녀가 부모와 적절한 분리를 이루지 못하고 심리적, 경제적으로 계속 의존하는 경우다. 부모가 여전히 품 안의 아이처럼 자녀를 대하면서 항상 노심초사 하고 뭐든 대신해주려 하면 그것이 오히려 성인 자녀에게 독이 될 수 있다. 그리고 이런 관계가 지속되면 노년이 된 부모에게도 큰 부담이 될 수 있다.

내가 시부모님과 함께 살았던 시기를 돌이켜보면, 주거와 생활은 함께했지만 경제적, 심리적으로는 독립한 상태를 유지했다. 육아와 집안일 등에 대해 우리 부부가 모든 결정을 내리고 모든 책임을 졌다. 시부모님이 우리 부부를 존중해주었기 때문에 가능했던 일이다. 그리고 이렇게 적절한 거리를 유지하며 지낸 덕분에 계속해서 좋은 관계를 유지해올 수 있었다.

자녀의 책임을 자녀에게 돌려주기. 그리고 한발 물러서서 응원자로, 지지자로 남기. 그것이 부모가 자녀를 오래오래 사랑하는 방법이다.

동물원의 동물을
무작정 야생으로 보낸다면?

동물권과 생명 존중 의식이 높아지면서 돌고래 쇼가 금지되고 동물원이나 수족관이 점점 사라지고 있다. 그런데 오랫동안 동물원에서 지냈거나 아예 동물원에서 태어난 동물들은 야생에 풀어줘도 적응이 쉽지 않다고 한다. 그래서 상당 기간 적응 훈련을 시키는데, 그런데도 야생에서 적응하지 못하고 힘들어하며 죽는 동물들도 많다고 한다.

　야생에서 태어난 동물들이라고 훈련을 안 받는 것은 아니다. 어렸을 때 TV 프로그램 〈동물의 왕국〉에서 어미 사자가 새끼 사자들에게 사냥을 가르치는 장면을 본 기억이 있다. 형제들끼리 뒤엉켜 쫓고 쫓기는 놀이를 하며 운동신경을 단련한 뒤 본격적인 사냥 훈련에 나선다. 처음엔 먹잇감을 제대로 건드려보지도 못하고 실패하지만 결국 성공하고야 만다. 그리고 사냥에 능숙해져 숙련된 어른이 되면 무리로부터 떠나야 하는 것이 사자 세계의 규칙이자 야생의 법칙이었다.

혼자 사냥할 준비가 되면 떠나보내는 것. 이는 자연의 순리이며, 우리 아이들에게도 매한가지로 적용된다. 당신이 부모를 떠나왔듯, 당신의 부모가 조부모를 떠나왔듯 말이다. 부모는 아이를 영원히 책임질 수 없고, 절대 그래서도 안 된다.

그럼 아이를 언제 떠나보내야 적당할까? 중학생? 고등학생? 대학생? 앞서 1년에 5센티미터씩 멀어지라고 말하기도 했지만, 대부분의 부모는 아이의 성장에 맞춰 자연스럽게 서서히 거리두기에 성공한다.

하지만 자녀와의 거리 조절에 실패해서 낭패를 보는 부모도 있다. 대표적인 경우가 '모 아니면 도all or none' 방식을 취하는 부모다. 아이가 어렸을 때는 아주 세밀한 부분까지 간섭하다가 어느 정도 자라면 갑자기 개입을 멈추고 "네가 알아서 해"라고 해버리는 것이다. 1년에 5센티미터씩이 아니라 한순간에 46센티미터로 확 물러나는 식이다. 이런 일을 당한 아이는 부모에게서 버림받은 듯한 충격을 받을 가능성이 있다. 그러면 분노, 우울 등의 감정이나 분리 불안을 겪으며 부모로부터의 독립이 더욱 어려워질 수 있다. 진료실에서 만난 윤우도 그런 상황이었다.

부모에게서 "스무 살 되면 독립해야지"라는 말을 늘 들어오던 윤우는 고등학교 2학년이 되면서 심하게 불안해져 병원을 찾았다. 뭐가 그렇게 불안하냐고 물어보자 스무 살이 코앞인데 돈을 벌 능력도, 혼자 살 여유도 없다는 사실만 생각하면 너무 힘들다며 한숨을 푹푹 쉬었다. 대학 공부를 하면서 아르바이트를 하며 용돈벌이를 하기도 쉽지 않을 텐데 새로운 사람들을 상대해야 한다고 생각하니 막막하다고, 대학에 가지 말고 장사를 해볼까 고민한 적도 있지만 자신이 없다고도 했다.

막상 윤우 엄마는 "아이고, 그냥 정신 차리라고 한 얘긴데 그걸 심각하게 생각할 줄은 몰랐네요. 설마 스무 살 됐다고 무작정 나가라고 하겠어요?"라며 대수롭지 않은 듯 웃어 넘겼다. 그러나 무심코 던진 돌에 개구리가 맞아 죽을 수 있듯, 아무 생각 없이 부모가 툭 던진 말을 되새기며 상처받는 아이들이 의외로 많다.

어쨌든 아이가 충분히 성장할 때까지는 아이보다 부모가 키를 쥐고 있는 상황임을 명심하자. 그러니 아이가 불안해지지 않도록 충분한 적응 기간을 두고, 천천히 독립할 수 있도록 해야 한다.

아이의 독립 후 적응을 위해 부모가 준비해야 할 것은 바로 '고기 잡는 법'을 가르치는 일이다.

아이의 진로만큼이나, 어쩌면 더욱 중요할 수도 있는 것이 자기 자신을 책임지는 기술이다. 혼자 살게 되면 요리, 청소, 빨래 같은 집안일도 해야 하고 돈 관리도 해야 한다. 계절에 맞는 옷을 알아서 잘 챙겨 입어야 하고, 어려운 일이 있을 때 도움을 받는 법도 알아야 한다. 시간 관리도 해야 하고, 스스로 동기를 부여하고 절제하는 기술, 자기주장을 펼치고 협상하는 기술도 배워야 한다.

그런데 현실은 어떤가. 입시 공부에만 몰두하며 이런 기술들은 도외시한다. 초등학교, 중학교 교과과정과 입시제도는 줄줄 꿰고 있는 부모들이 정작 그 시기에 어떤 사회적 기술이 필요한지, 어떤 강도로 정서 조절을 해야 하는지는 잘 모른다.

아이들을 상담할 때 가끔 어떤 요리를 할 수 있는지 물어 보곤 한다. 그러면 대답의 편차가 꽤 크다. 어떤 아이는 김 치볶음밥, 된장찌개에 떡볶이, 닭볶음탕까지 할 줄 안다고 한다. 반면 밥은 물론이고 라면도 끓일 줄 모른다는 아이도 꽤 있다. 요리는 그저 예시로 든 것뿐이고 화장실 청소, 설 거지, 쓰레기 분리수거, 옷 정리 등 생활 기술에 대한 개념 이 없는 아이들이 생각보다 많다. 이런 아이들은 나중에 버 젓한 직장인이 된 뒤에도 부모에게 생활 기술적인 면을 의 존하며 캥거루족으로 살아갈 가능성이 높다.

"그럼 도대체 언제 떠나보내야 하나요? 적절한 나이가 있나요?"라고 묻는다면 사람마다, 문화마다 달라서 일률적 으로 말하긴 어렵지만, 굳이 이야기한다면 스무 살부터 스 물네 살 사이가 적당하다고 나는 생각한다. 사자가 사냥을 잘하기 위해 발달된 운동신경과 판단력을 갖춰야 하듯, 사 람도 독립을 위해 신체적, 인지적 발달이 선행되어야 한다. 신체적 발달은 스무 살 정도에 다 끝나는데, 뇌 발달은 전두 엽 발달이 끝나는 스물네 살 정도가 되어야 마무리된다. 정신분석학적으로도 최근에는 스물네 살부터 성인기로 간주하고, 스무 살에서 스물네 살까지를 청소년기의 연장으로 보는 시각이 우세하다.

그러니 자녀가 독립하는 시기를 스물네 살로 보고 스무 살부터 서서히 준비시키는 방식을 추천한다. 취업 준비가 길어지거나 대학원에 진학해 학업이 연장되는 경우 경제적 독립은 좀 더 늦어질 수 있겠지만, 심리적 독립만큼은 스물네 살을 넘기지 않고 꼭 성공하면 좋겠다.

→→→→→→→→→→→

1 모든 생물과 마찬가지로 자녀도 결국 부모로부터 분리될 수밖에 없다. 양육할 때는 또 다른 개체로서 성인이 된 자녀를 항상 염두에 두자.

2 아이를 평생 책임져줄 수 없다는 한계를 인정하고, 자녀의 책임을 자녀에게 잘 돌려주자.

3 독립을 위해서는 적응 기간이 필요하다. 천천히 멀어지면서, 독립 전부터 스스로를 책임질 수 있는 기술을 가르쳐야 한다.

←←←←←←←←←←

졸육(육아 졸업)을
준비하자

당신은 드디어 이 책의 마지막 장을 펼치게 되었다. 그리고 이 장의 제목을 보고 의아했을 것이다. 졸업, 졸혼은 들어봤는데 졸육은 처음 들어봤을 테니 말이다. 아이를 잘 키우고 더 좋은 부모가 되기 위한 마음으로 이 책을 집어 든 부모에게 육아를 졸업한다는 '졸육'은 크게 관심 없는 주제일지 모른다. 그러나 나는 이 장이 책에서 가장 중요하다고 생각한다. 원하든 원치 않든 부모 역할에 끝이 있다는 것, 그리고 그 준비를 해야 한다는 것을 설명하는 부분이기 때문이다.

"너희들 올망졸망할 때가 그리워. 그때는 키우느라 정신없어서 예쁜 줄도 잘 몰랐는데 지금 생각하면 후회스러워."
다섯이나 되는 아이들을 돌보느라 새벽부터 일어나 밥하고 등교시키고 빨래며 청소, 장보기, 식사 준비 등으로 쉴 새 없이 일한 내 어머니는 무려 30년간을 온전히 가족을 위해 살았다. 막내의 대입을 끝으로 주부로서, 엄마로서 험난한(?) 시기를 졸업한 뒤 후련해할 줄 알았는데, 어머니는 옛날이 그립다며 계속 아쉬움을 표했다. 지금 생각해보면 그 무렵 어머니는 '빈둥지증후군'을 앓았던 것 같다.

부모 교육을 할 때 아이와의 분리를 꾸준히 이야기해왔고 졸육을 하고 힘들어하는 환자들을 치료한 경험도 있지만, 막상 나에게 졸육의 순간이 다가오자 지금까지 부모의 역할에서 자연인으로 돌아가는 방법을 진정 깊이 있게 다루지 못했구나 하는 자각이 들었다. 주어진 부모 역할을 해내느라 고군분투하다 보니 그 후에 어떻게 할지 나부터도 진지하게 생각해본 적이 없었던 것이다.

러닝머신에서 최대속도로 힘껏 달리다가 갑자기 내려오면 어질어질한 것처럼 졸육의 순간도 그렇다. 20년 넘게 아이의 스케줄에 맞춰 돌아가던 일상과 아이에 대한 생각으로 가득 찼던 머릿속을 비우고 다시금 오롯이 나를 찾아가야 한다고 생각하면, 불안하기도 하고 혼란스럽기도 하다. 그 감정을 견디지 못하고 헬리콥터맘처럼 다 큰 아이 주변을 맴돌기도 한다.

그럼에도 불구하고 알아둬야 한다. 아무리 아쉬워도 육아 졸업의 순간은 반드시 온다. 그리고 졸육의 위기를 잘 넘기려면 준비와 적응이 필요하다.

미리 해보는 육아 졸업식

"남편이 아이를 데리고 시댁에 가서 자유 시간이 생겼는데, 막상 뭘 해야 할지 모르겠더라고요. 마냥 신날 것 같더니 드라마 한두 편 보고 어영부영하다가 시간이 다 갔어요."

육아에 시달리며 제발 좀 쉬고 싶다 했으면서 정작 기회가 생기면 생각처럼 안 된다는 사람들이 많다. 예전엔 대체 뭘 하며 놀았던 걸까. 아이 없이 잘 지냈던 적도 있는데, 십수 년을 아이 중심으로 살다 보니 오히려 아이가 없는 시간이 공허하고 무료하다.

"아이는 멀쩡하게 잘 지내는데, 문제는 나더라고요."

어린아이가 부모와 떨어지면 느끼는 분리 불안을 이제는 아이와 떨어진 부모가 느끼는 아이러니한 상황이 펼쳐지기도 한다. 육아에 열성적이고 최선을 다해 헌신한 사람일수록 이런 불안을 더 크게 느낀다. 쓸모없어졌다는 생각에 자신감도 떨어지고, 젊은 시절의 매력은 다 없어진 채로 허무하게 나이 들어가리라는 비관적 생각에 빠져 무기력해지기도 한다. 꼬리에 꼬리를 무는 생각들이 갱년기우울증으로 이어져 위험할 수도 있다.

쓸데없이 겁주는 것 같을 수 있지만, 자녀를 떠나보내는 시기에 대부분의 부모가 조금씩은 이런 어려움을 겪는다. 내가 아니더라도 배우자가 힘들어할 수도 있다.

이에 대비하기 위해 '졸육 체험'을 해보길 권한다. 실제 자신의 죽음을 가정한 뒤 유언을 쓰고 관 속에 들어가보는 '임종 체험'처럼 말이다. 막연하기만 했던 상황을 구체적으로 그려보면서 좀 더 진지해졌다고 고백하는 '임종 체험' 참여자들과 마찬가지로, '졸육 체험'도 보다 현실적인 준비에 도움이 될 것이다. '졸육 체험' 프로그램이 정해져 있는 것은 아니나 다음과 같이 해보면 좋겠다.

'졸육 체험'은 부부가 함께하길 권한다. 먼저 편안하고 조용하면서도 분위기 좋은 장소를 고른다. 여유롭고 탁 트인 풍경을 볼 수 있는 야외 카페 같은 곳도 괜찮다. 그리고 육아 졸업 증서와 표창장, 졸업식 축하를 위한 꽃다발을 준비한다. 그러고 나서 다음의 시나리오를 낭독한다.

"0000년 현재 우리(나)는 아이를 잘 키워서 독립시켰다. 아이는 이제 자신의 인생을 책임질 정도로 잘 자랐고, 부모에게 진심으로 감사하고 있다. 아이는 자신의 생활을 잘해나가고 있기 때문에 우리(나)는 더 이상 아이에게 신경 쓸 필요가 없다. 우리(나)는 육아라는 과정을 아주 잘 해냈고 지금 육아 졸업식을 하려 한다. 여기 졸업 증서와 표창장이 있다."

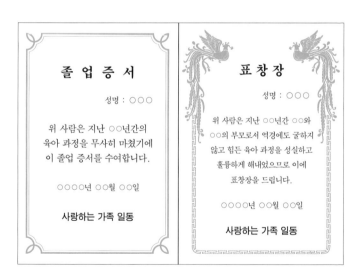

각자 표창장과 졸업 증서를 읽은 뒤 서로에게 수여하고 축하해준다. 준비한 꽃다발을 안고 사진도 찍는다.

다 끝났으면 다음과 같은 글을 부부가 함께 낭독한다.

"육아를 졸업하더라도 아이의 조력자로서 멘토로서의 역할은 계속되겠지만, 앞으로는 나 자신이 의미 있게 여기는 일을 하면서 여생을 살아갈 것이다. 그리고 결혼할 때 약속한 것처럼 서로를 아끼며, 남은 인생의 가장 큰 지지자가 되어 살아갈 것이다."

그리고 종이를 나누어 가진 뒤 다음과 같은 문장 속 빈칸을 채워본다. (여러 개가 있으면 여러 개를 적어도 좋다.)

나는 _____하게 살고 싶다.

이 바람을 실천하기 위한 방법 또는 그냥 버킷리스트를 아래에 적어본다. (개수는 얼마든지 많이 적어도 좋다.)

1. _____

2. _____

3. _____

4. _____

5. _____

충분히 적었다면 서로의 바람과 버킷리스트를 나누어 읽어보는 시간을 가진다. 그리고 적은 종이를 상장과 함께 잘 보관해놓고 매년 열어보고 수정하면 더 좋겠다. 이런 시간을 통해 그간 육아라는 책임감 아래 눌려 있던, 한 개인으로서 배우자의 모습을 한층 잘 알게 되어 서로를 이해하고 돕는 데 도움이 될 것이다.

좀 오글거려 보여도 꼭 한번 시간을 내어 육아 졸업식을 시도해보자. 언젠가 반드시 다가올 졸육의 순간을 상상하기만 해도 가슴이 벅차오를 것이다. 그리고 앞으로 남아 있는 육아의 시간을 어떻게 보내야 할지도 감이 올 것이다. 졸육의 순간은 생각보다 빨리 온다.

은퇴를 준비하자
— 사랑할수록 아끼세요

졸육 후 부모에게 주어지는 시간은 얼마나 될까? 통계청 자료에 따르면 2021년 기준 45세 남성의 기대여명은 36.9년, 여성은 42.4년이다. 아이를 양육하는 기간을 20~25년 정도로 본다면 그보다 1.5~2배 정도의 시간이 남는다는 계산이 나온다. 게다가 각종 첨단기술이 발달하는 속도를 보면 100세 시대가 먼 이야기가 아니다. 벌써 보험사들도 100세, 120세까지 보장하는 상품들을 팔고 있다.

이렇게 긴 여생을 잘 보내기 위해서는 가지고 있는 자원을 잘 관리해둬야 한다. 건강도, 재정도, 기회도 다 한계가 있으니 말이다.

그런데 그중에서도 가장 관리가 시급한 분야가 재정이

다. 현실적으로 자녀 양육과 교육 관련 지출을 많이 할수록 부모의 노후 자금이 줄어들 수밖에 없는 구조이기 때문이다. 한번 써버린 돈은 다시 모으기가 쉽지 않고, 한번 늘어난 씀씀이는 줄이기가 쉽지 않다.

그렇다면 육아에는 얼마나 돈이 들까? 2019년 〈동아일보〉가 '요람에서 대학까지: 2019 대한민국 양육비 계산기'라는 흥미로운 서비스를 제공한 적이 있다. 각자의 선택에 따라 예상 양육비를 계산해주는 것으로, 통계청 등의 여러 데이터를 활용해 아주 세부 항목까지 사용자가 선택할 수 있었다. 대학 때까지 아이를 지원할지 말지 고르고 나면 '양육 명세표'가 나온다. 관련 기사에 따르면 모든 소득 구간의 평균에 해당하는 한 가구가 아이 한 명을 낳아 대학 졸업시킬 때까지 필요한 돈이 3억 8198만 원이었다. 소득이 더 높거나 대학 졸업 후에도 부모가 도와주는 경우에는 훨씬 더 많은 비용이 들어갔다. 이 정도 금액이면 노후 자금 준비에 큰 부담으로 작용하는 것이 사실이다.

그러므로 아이를 키우면서 '나는 아이를 위해 얼마나 쓸 수 있을까?' 하는 질문을 반드시 던져봐야 한다. '얼마나 쓸 수 있는가'는 '얼마나 사랑하는가'와 같은 질문이 절대 아니다. 아이를 사랑하기 때문에 부모가 더 아껴야 하는 경우도 많다.

잘 모르겠다면 자녀가 아기 때부터 성인이 될 때까지 생활수준을 고르게 유지할 수 있을지 따져보자. 만약 어릴 때부터 백화점 고급 브랜드 옷만 입은 아이는 어른이 되어서도 그 정도 수준을 유지하려 할 것이다. 하지만 현실적으로 그럴 수 있는 사람이 몇이나 되겠는가? 부모는 그렇다 쳐도 자녀가 사회 초년생 월급으로 그런 물건을 살 수 있을까 생각해보면 답이 나온다.

어려서부터 좋은 옷, 좋은 장난감을 많이 가진 아이가 더 행복할 거라고 생각하는 부모들이 많겠지만, 실상은 전혀 그렇지 않다. 가진 것보다 가지지 못한 것에 더 주목하는 게 인간의 본성이기에, 돈이나 명예가 행복을 보장하지 않는다는 사실은 이미 널리 알려져 있다. 수긍이 되지 않는다면 텍사스대학교 맥콤즈경영대학원 교수 라지 라구나단Raj Rahunathan이 쓴《왜 똑똑한 사람들은 행복하지 않을까?》를 일독하길 권한다.

우리 뇌는 좋은 것에 금방 익숙해진다. 그러다 보면 웬만한 것에는 기뻐하지 않고 오히려 부족한 것을 견디지 못하는 상태가 된다. 이것이 중독의 원리다. 기다리기 힘들어한다고 놀이공원에서 줄을 대신 서주고, 그리 멀지 않은 장소도 무조건 차로 데려다주고, 이러다 보면 아이가 편리함과 풍족함에 '중독'될 수 있다.

부모 세대의 대부분은 어렸을 때 가지지 못한 것이 많아 서러웠던 기억이 있다. 버스비를 아끼려고 몇 시간을 걸었고, 옷이나 장난감을 물려받아 썼고, 혼자만의 방을 가지지도 못했다. 반면 요즘 아이들은 항상 차를 타고 이동하고, 예쁘고 멋진 브랜드 옷으로 차려입고, 특별한 날이 되면 수많은 선물을 받는다. 이사를 갈 때도 아이 위주로 지역을 선정하고, 아이 혼자 방을 쓰면서 공주나 왕자처럼 생활한다.

그러나 좌절을 경험하지 못하고 자란 아이는 사회에서 지켜야 하는 규칙이나 어쩔 수 없이 겪게 되는 불편함에 큰 스트레스를 받을 수 있다. 등교 거부로 내원하는 아이들 연령대를 보면, 예전에는 중고등학생이 많았지만 최근엔 초등학교 저학년 아이가 많다. 선생님도 무섭고 아이들도 무섭다고 한다. 집에서는 자기 마음대로 할 수 있는데 학교에 가면 참고 눈치를 봐야 하니 너무나 거북한 것이다.

게다가 요즘 아이들은 웬만한 보상에는 반응하지 않는다. 지나치게 풍족하게 살아서 작은 기쁨을 잃어버린 아이들…. 이런 아이들을 보면 오히려 불평불만이 많고 남 탓, 부모 탓을 하기가 일쑤다.

또한 형제자매와 같은 공간에서 생활하며 옷이나 필기구 같은 물건을 공유했던 부모 세대와 달리 어려서부터 자기 소유가 분명한 요즘 아이들은 단체 생활에 적응하기도 어려워한다. 고등학교 2학년이 되어서야 처음 내 방을 가져본 나는 대학 기숙사 생활이 하나도 불편하지 않았다. 열 명이 한 공간을 쓰는 병원 당직실 생활도 괜찮았다. 반면 요즘 아이들은 2인 1실이어도 한 공간에 다른 사람과 같이 있어야 한다는 사실만으로 많이 긴장하고 걱정한다. 아이들이 이기적이어서도, 성격이 나빠서도 아니다. 그저 익숙하지 않은 것이다. 스트레스 역치가 낮은 탓에 도리어 신경 쓸 것이 많아진 듯해 안쓰럽기까지 하다.

사교육비도 마찬가지다. 외벌이인데 아내가 사교육에 돈을 너무 많이 써서 불안하다며 병원을 찾는 남편들도 종종 만난다. 특히 아이가 사춘기에 접어들면 본격적인 입시 준비를 위해 사교육비 지출을 확 늘리는데, 이건 정말 자제가 필요하다. 입시가 끝나도 대학 학비도 기다리고 있고 결혼 자금도 어느 정도는 지원해줘야 하는 게 현실이다. 더구나 자녀가 부모를 부양한다는 개념이 점점 옅어지는 상황에서 지금 아이들이 나중에 늙은 부모를 경제적으로 책임져 줄 가능성은 극히 낮다. 자녀를 다 키우고 나서 40년 이상의 시간이 남아 있는데, 부부를 위한 노후 자금을 아이의 사교육에 올인하는 것만은 진심으로 말리고 싶다.

잘 늙어가기
—인생 연구의 교훈

졸육과 동시에 부모는 나이가 들었다는 자각을 하게 된다. 그리고 어떻게 해야 잘 나이 들 수 있을까 하는 고민에 부딪힌다.

'성인 발달 연구'는 이런 고민을 바탕으로 인간의 삶을 장기간 추적하여 행복의 비밀을 알아보기 위해 이루어진 것으로, 그중에서도 대표적인 것이 1938년 하버드대학교 2학년 학생들을 대상으로 한 '하버드 그랜트 연구'인데, 80년 이상이나 지속된 방대한 연구다. 이 연구 책임자이자 정신과 전문의 조지 베일런트George Vaillant는 저서 《행복의 조건》에서 건강한 노년을 보내기 위해 고난에 대처하는 방어기제와 47세 무렵까지 형성되어 있는 인간관계가 중요하다고 강조했다. 이 외에도 배움을 지속하는 시간, 안정된 결혼 생활, 비흡연(또는 45세 이전 금연), 적당한 음주, 규칙적인 운동, 적당한 체중도 행복에 영향을 미치는 조건이었다.

이 연구 결과를 토대로 지금의 자신을 살펴보자. 당신은 얼마나 성숙한 존재인가? 고난이 왔을 때 그것을 수용하고 대처하는 데 얼마나 유연한가? 주변에 당신을 알아주고 믿어주는 사람들이 얼마나 있는가?

다행히도, 아이를 키우는 과정은 사람을 성숙하게 만들어주는 데 크게 일조한다. 아이를 통해 인내를 배우고, 용서의 힘을 알아차리고, 고난을 딛고 성장하는 회복탄력성을 믿게 된다. 그리고 아무런 대가 없이 주는 사랑이 가능하다는 놀라운 사실을 깨닫게 된다. 이렇게 생각하면 아이 덕분에 부모가 성숙해져 노년의 행복을 누릴 가능성이 높아진다고 해도 과언이 아니다.

→>>>>>>>>>>>

1 성인이 된 아이를 떠나보내는 육아 졸업 시기를 대비해 '졸
   육 체험'을 해보자.

2 육아가 마무리되고 나서도 부모에게 남아 있는 인생은 길
   다. 노후 자금을 양육비로 탕진하지는 말자.

3 아이를 키우는 과정에서 부모는 인격적으로 성숙할 수 있
   고, 그것이 노년의 '행복의 조건'이 되어줄 것이다.

<<<<<<<<<<<

어려울 땐
찬스를 쓰세요

전문가를 만날 타이밍

"중학교 때부터 너무 우울해서 병원에 가보고 싶다고 했지만, 너만 우울하냐 나도 우울하다, 다 그런 거다 하면서 엄마가 계속 못 가게 해서 이제야 찾아온 거예요."

너무 오래 기다려서일까, 병원을 찾은 스무 살 수영 씨는 여러 번 진료를 받아본 사람처럼 능숙하게 자기 이야기를 털어놓았다. 무수한 자해 흔적이 남아 있는 팔을 내밀며 "너무 힘들때는 어떻게 할 수가 없어서 자해하며 버텼어요. 자해 나쁜 거 다 아는데…. 하지만 이제는 하고 싶지 않아요. 약이라도 먹으면 도움이 된다고 들어서 기대하고 있어요." 담담하게 말하는 수영 씨를 보며 반가우면서도 안타까운 마음이 교차했다. 실제로 수영 씨는 치료 과정을 잘 따라와줬고 이제는 무사히 회복되어 안정을 찾았다.

뒤늦게 딸을 따라 병원을 찾은 수영 씨 어머니는 "그냥 사춘기인 줄만 알았지 이렇게 힘들어하는 줄은 몰랐어요"라고 고백했다. 이제야 예전의 딸로 돌아온 것 같다며, 진작 찾아올 걸 후회된다고 했다.

수영 씨처럼 단순히 사춘기라서 그런 줄 알고 버티다 악화

되어 오는 환자들을 종종 만난다. 아마도 오래전부터 있어
온 정신과 진료에 대한 편견이나 막연한 두려움이 여전히
작용하는 것 같다. 사춘기에 겪는 자연스러운 성장통은 당
연히 치료가 아니라 일상 속 노력으로 극복하는 것이 맞다.
하지만 경제협력개발기구OECD 회원국 가운데 독보적 자살
률을 유지하고 있는 나라, 청소년 정신건강 최하위인 우리
나라에서는 생각보다 많은 아이들이 우울증이나 적응장애
를 앓고 있다. 그리고 소아청소년기에 시작된 우울증은 치
료를 미룰 경우 성인기까지 이어질 확률이 높으므로 적극적
인 도움이 필요하다.

그래도 "내가 부모인데 애 문제는 우리가 해결해야 하지 않
나요"라며 내켜 하지 않는 부모에게는 가볍게 "찬스를 쓰세
요"라고 말하고 싶다. TV 퀴즈프로그램이나 예능프로그램
을 보면 언제나 찬스가 있지 않던가. 적절하게 찬스를 잘 쓰
면 순식간에 결과가 뒤집히기도 한다. 육아 과정에서 부모
도 아이도 최선을 다하고 있는데 도저히 답이 안 보인다면?
그때가 바로 찬스를 쓸 시간, 전문가를 만날 타이밍이다.

전문가를 만나야 하는
심리적 문제

어떤 문제가 있을 때 전문가를 찾아야 할까?

일단 부모와 자녀가 노력을 하고 있는데도 조율이 잘 안 된다면 전문가를 찾는 편이 좋다. 4장에서 갈등을 다루는 방법과 대화하는 방법을 다룬 바 있다. 단순히 학원을 가느냐 마느냐로 갈등이 빚어진다든지, 게임 시간이나 휴대폰 사용 시간으로 문제가 생겼다든지 할 경우에는 4장에 나온 대화의 알고리즘을 따라 해결을 시도해본다. 그래도 여전히 문제가 계속된다면 좀 더 심층적인 평가나 상담이 필요할 수 있다.

반복적으로 다음과 같은 문제가 있다면 전문가를 만나보기를 권한다.

- 지나치게 우울해하고 무기력해함(2주 이상)
- 부모와의 심한 갈등
- 공격적 행동(욕설, 물건을 던지거나 부수거나 때리는 행동 등)
- 자해 행동
- 잦은 결석, 등교 거부 및 불안
- 자살과 관련된 생각, 상상 및 시도
- 지나친 강박행동
- 게임, 디지털기기 사용으로 인한 학교 적응 어려움
- 불면, 과다수면, 밤낮 뒤바뀜 등 수면 패턴 문제
- 외모에 대한 지나친 집착, 식이 문제
- 주의집중의 어려움으로 학교, 학원에서 잦은 피드백을 받는 경우

전문가에도 여러 부류가 있다. 학교 적응이나 친구 관계에 어려움이 있는데 비교적 가벼운 정도라면 교내 상담 선생님을 찾아가거나 사설 심리상담센터를 먼저 찾아가도 좋다. 단, 심리상담센터를 방문할 때는 상담사가 제대로 된 실력과 경력을 갖추었는지 꼼꼼히 확인해보길 바란다. 민간자

격증이 워낙 많다 보니 검증되지 않은 곳도 종종 있다.

문제의 경중이 아예 감이 잡히지 않거나 좀 더 무거운 문제를 겪고 있다면 일단 정신과 전문의를 만나 큰 그림에서 자문을 얻고 나서 필요한 치료를 받는 편이 좋다. 특히 공격적 행동, 자해 및 자살 사고, 등교 거부, 수면 문제, 주의집중력 문제 등에는 약물 치료가 큰 도움이 될 수 있으니 정신과 전문의 진료 후 적절한 평가와 진단을 통해 처방을 받도록 한다.

만약 부모는 필요성을 느끼는데 아이가 진료를 거부한다면 어떻게 해야 할까? 가끔 부모의 손에 억지로 이끌려 병원에 오는 아이들이 있는데, 대부분 진료를 받으면 소원을 들어주겠다는 약속을 받고 온다. 이런 아이들은 진료에 방어적으로 임하고, 자신에게 문제가 없다는 것을 증명하고 싶어서 상담은 받아도 평가나 이후 치료 과정은 거부하는 경우가 많다. 또 문제 행동을 일으켜 어쩔 수 없이 오는 아이들도 있는데, 이런 경우에도 진료를 '벌'로 여겨 심리적 저항이 크다.

진료를 거부하는 아이를 설득할 때는 아이가 불편을 겪

고 있는 부분에 초점을 맞춰 대화를 풀어가야 한다. 4장에서 설명한 대화의 알고리즘과 기술을 활용해 이야기를 꺼낸 다음, "나도 도와주고 싶은데 전문가가 아니라서 모르는 부분이 너무 많네. 그러니 전문가를 찾아가서 상의해보자"라고 권유한다. 아이의 일정과 컨디션을 충분히 고려해 진료 예약을 잡으면 아이도 한결 진지하게 상담에 임한다. 혹시 이렇게 말을 꺼내고 유도하는 과정 자체가 막막하다면, 먼저 부모가 따로 방문해 상담을 받는 방법도 있다.

사실, 전문가와의 만남이 모든 문제를 마법처럼 해결해주지는 않는다. 진료를 한 번만 받아도 아이가 180도 달라지리라는 기대를 품고 오는 부모들이 있는데, 알다시피 그런 마법이 있을 리가 없다. 치료 과정에 몇 년이 걸려서 인내와 용기가 필요한 상황이 훨씬 더 일반적이다.

하지만 시작이 반이라고 했다. 악순환의 수레바퀴를 선순환으로 돌리는 것 자체가 중요하다. 그러니 전문가를 만나는 시점은 빠르면 빠를수록 좋다.

정신과에 대한 편견?
의외로 아이들은 쿨하다

"왜 이렇게 늦게 오셨어요?"라고 물으면 "사실 정신과라는 데가 오고 싶은 곳은 아니잖아요. 애도 자기가 그런 데 다닌 다고 하면 자존감이 더 떨어질 것 같고 해서 못 왔어요"라 고 대답하는 부모들이 많다. 아이가 어릴 때는 별생각 없이 다니다가 어느 정도 나이가 되면 정신과에 다니는 자신을 부끄럽다고 생각하면 어쩌나 고민하는 부모들도 있다.

이런 걱정을 하는 부모에게 꼭 말하고 싶은 것이 있다. 의외로 아이들은 쿨하다는 것! 이미 여러 이유로 정신과를 경험해본 경우도 많고, TV에 자주 나오는 국민 멘토 의사 선생님들 덕분인지 정신과 의사를 따뜻하고 지혜로운 조언 가로 생각하는 경우도 많다. "언덕 위 하얀 집에 왔네요" 하며 너스레를 떠는 경우도 있고, 마음이 편해지는 안전지대로 여기는 경우도 있다. 진료실 책상에 놓인 뇌 모형을 들여다보며 과학 시간처럼 심오한 질문을 던지는 경우도 있고, 약물 치료의 필요성을 이해하고 챙기는 경우도 있다.

어떤 부모들은 아이가 ADHD 약을 먹는데도 뇌 영양제라고 속이고 자세히 설명해주기를 꺼린다. 이렇게 하면 아이가 자신의 행동을 조절하는 동기를 가지기 어렵다. 오히려 약의 원리와 스스로 조절해야 하는 행동에 대해 뇌과학적으로 잘 설명해주면 쉽게 납득하고 치료에 적극적으로 임한다. 특히 청소년기에 치료를 받는 경우 아이의 이해가 매우 중요하다. 내가 만난 중고등학생들 중에는 "선생님, 약 올려주세요. 이번에 중간고사 잘 봐야 하는데 정말 너무 집중이 안 돼요" 하면서 적극적으로 의논하기도 하고, 힘들어하는 친구에게 병원을 추천해주기도 하는 아이들이 많다.

치료와 관련해 아이들의 자존감에 진짜 영향을 주는 것은 세상의 편견이 아니라 부모의 편견이다. "네가 그러니까 정신과를 다니지", "어휴, 주변 창피해서 못 살겠다", "약을 빨리 끊어야지 언제까지 그렇게 징징거릴 거야?", "약에 너무 의존하는 거 아냐?"와 같은 부모의 말과 행동이 아이들을 더 힘들고 아프게 만든다.

정신과 치료를 받기 싫다고 괜히 엉뚱한 곳을 찾아가 근거도 없는 치료에 수백만 원씩 내고 돈과 시간을 허비하는 사람들도 가끔 본다. 이른바 '불안 장사'에 이용당하는 것이다. 차마 당사자 앞에서 뭐라고 말은 못 하지만 속으로는 너무 안타깝다. 구태여 그렇게까지 해서 정신과 치료를 피할 필요가 있을까?

가끔 "정신과 진료 기록이 남아서 회사나 군대에서 문제가 되지 않을까요?"라고 물어보는 경우도 있는데, 다른 의무기록과 마찬가지로 본인 동의 없이 조회하는 행위는 불법이니 걱정하지 않아도 된다.

무엇보다 정신과에서는 약물로만 치료한다는 편견이 없어졌으면 한다. 진료 초기 단계에서는 평가와 진단, 어릴 때부터 내면에 형성된 심리적 역동과 방어기제에 대한 인식, 전체적인 인생에 대한 조망 등을 아우르며 스스로 힘을 회복하게 돕는 전인적 치료가 주로 이루어진다. 그래서 전문의 수련 과정에서도 정신분석, 심리 역동에 대한 분석과 치료 과목이 중요하게 다루어지는 것이다.

그렇다면 약물 처방은 왜 하는가? 나는 늘 이렇게 설명한다. "약은 너무 힘들 때 확실히 도움이 돼요. 전체 문제가 100이라고 할 때, 약이 잘 맞으면 이 중 30~40을 도와줄 수 있어요. 그런데 거기까지예요. 나머지 60은 본인이 원래 가지고 있는 힘을 회복하고 나쁜 습관을 없애고 하면서 감당해가는 거예요. 그래서 잘 감당하게 되면 약이 20, 10으로 낮아져도 잘 지내게 될 테고, 그러면 약을 끊어도 되겠죠. 제일 중요한 건 사실 본인이 책임져야 할 60이랍니다. 적절한 약을 찾은 뒤에는 스스로 60을 어떻게 감당할지 계속 얘기해나가야 해요."

다시 말해 환자가 본인 몫인 60을 좀 더 수월하게 감당할 수 있도록 하기 위해 기본적인 약물 처방을 하는 것이다. 진료실에서 더 큰 비중을 차지하는 건, 환자가 60을 감당해내며 내면의 힘을 100으로 키워가기 위한 논의 과정이다.

내 경험으로는 약은 너무 우울하지 않게끔, 죽고 싶다는 생각이 들지 않게끔 해줄 수는 있어도 사람을 행복하게 해주기는 어렵다. 행복은 그 무엇도 건들 수 없는, 본인의 선택이자 스스로 일궈가야 할 몫이기 때문이다.

감사의 말

"맨날 힘든 얘기만 듣다 보면 스트레스 많이 받으시죠?" 정신과 의사에게 주어지는 단골 질문이다. 그런데, 나는 진료실에서 상담하고 사람들의 인생을 들여다보는 이 직업이 잘 맞고, 오히려 힘을 얻을 때가 많다. 잘 들어주고 작은 조언을 했을 뿐인데 누군가의 인생이 크게 달라지는 경험들 때문이다. 특히 육아 코칭이 그렇다. 엉겁결에 부모가 되니 서툰 게 당연한데도 더 잘하지 못한다고 자책하는 부모들의 손을 잡아주는 그 시간이 나에겐 큰 의미가 있다.

전공의 때부터 부모 교육을 시작해 이상하게도 계속 부모 교육 관련 일을 병행하게 되었다. 병원과 기업, 학교, 지역사회에서도 강의를 하고 칼럼도 쓰다 책까지 내게 되었다. 하지만 막상 책을 써보자는 제안을 받았을 때는 여러 생각이 들었다. 내가 과연 다른 정신과 의사들보다 육아 교육을 더 잘할 수 있을까? 아직도 육아 고민을 하고 있는 내가 이런 글을 쓰는 것이 옳을까? 그래도 이렇게 글을 쓰게 된 것은 "할 말이 있으면 쓰는 게 맞다"라는 편집자의 격려 덕분이었다.

육아 기간을 돌아보면 참 많이 울고 아팠지만, 또 즐겁고 행복하기도 했다. 의대 편입 직전에 아이를 낳아 키우다 보니 시행착오가 더 많았다. 정신과 의사로서 공부하며 이런 내용을 조금만 일찍 알았더라면 더 행복하게 아이를 키울 수 있었겠다는 생각을 했다. 그래서 과거의 나에게 해주고 싶은 말들을 이 책에 담았다. 그리고 여러 기술 덕에 다행히도 아이들이 사춘기를 잘 넘어가게 도울 수 있었기에 그 비법도 담았다. 모쪼록 이 책을 읽고 보다 행복한 육아를 하시기를, 그리고 때가 되면 미련 없이 졸업하시기를 바란다.

그리고, 이 책의 목표는 부모가 행복해지는 것임을 분명히 해두고 싶다. 아이를 키우는 것도 부모가 행복하기 위해서인데 한국의 부모들은 너무 힘들다. 특히 사춘기에는 부모의 행복지수가 바닥 수준으로 떨어지는 경우가 많다. 지나치게 아이에게 가 있는 시선을 부모 자신에게 돌려야 행복해질 수 있다.

육아와 전공의 생활을 병행하며 힘들 때 응원해주고 도와준 삼성서울병원 정신과 의국의 동료와 선후배님들, 교수님들께 감사드린다. 강의와 칼럼을 통해 대중 앞에 나설 수 있는 계기를 열어준 강북삼성병원 기업정신건강연구소 동료들과 교수님들, 가족 같은 따뜻함과 프로 의식으로 뭉친 우리 클리닉 식구들에게도 감사를 전한다. 그리고 무엇보다 진료실과 강연 현장에서 만난 사춘기 아이들과 부모들께 감사와 존경을 드린다. 그들은 나의 가장 큰 스승이다.

마지막으로, 가족들에게 감사를 전한다. 희생과 사랑의 표본이셨던 부모님들과, 늘 바쁜 나를 이해하고 응원해주는 친정 및 시댁 식구들 덕에 이 자리에 있을 수 있었다. 부족한 것도 많은 엄마를 자랑스러워하며 잘 따라준, 사랑하는 아이들에게도 고마움을 전한다. 그리고, 나의 가장 큰 조력자이자 따뜻한 베이스캠프인 남편에게 존경과 사랑을 바친다.

김난도 외,《트렌드 코리아 2022》(미래의 창, 2021)

김주환,《회복탄력성》(위즈덤하우스, 2011)

로버트 먼치, 안토니 루이스 그림, 김숙 옮김,《언제까지나 너를 사랑해》
(북뱅크, 2000)

마셜 B. 로젠버그, 캐서린 한 옮김,《비폭력 대화》(한국NVC출판사, 2017)

에드워드 홀, 최효선 옮김,《숨겨진 차원》(한길사, 2013)

제롬 글렌, 테드 고든, 박영숙,《세계미래보고서 2045》(교보문고, 2016)

조지 베일런트, 이덕남 옮김,《행복의 조건》(프런티어, 2010)

토머스 고든, 홍한별 옮김,《부모 역할 훈련》(양철북, 2021)

'아이 낳아 대학까지 보내려면 직장인 10년 치 연봉 쏟아부어야', 〈동
아일보〉, 2019년 10월 10일 자, https://www.donga.com/news/article/
all/20191010/97803147/1

내 아이가 낯설어진 부모들에게

초판 1쇄 인쇄 2023년 7월 7일
초판 1쇄 발행 2023년 7월 19일

지은이 최정미
펴낸이 이승현

출판2 본부장 박태근
W&G 팀장 류혜정
편집 남은경
디자인 윤정아

펴낸곳 ㈜위즈덤하우스   **출판등록** 2000년 5월 23일 제13-1071호
주소 서울특별시 마포구 양화로 19 합정오피스빌딩 17층
전화 02) 2179-5600   **홈페이지** www.wisdomhouse.co.kr

ISBN 979-11-6812-665-7 03590